百战程序员丛书

新工科 IT 人才培养系列教材

C 语言程序设计

(Visual Studio 2019)

北京尚学堂科技有限公司　组编

主　编　史　广　高　昱

副主编　詹　鑫　樊小龙

主　审　高　淇

西安电子科技大学出版社

内 容 简 介

本书以目前最新的 Visual Studio Community 2019 作为开发工具，全面讲解了 C 语言程序设计，涵盖了 C 语言程序设计所需的必备知识，并以 100 多个示例为基础对相关知识点做了详细剖析。全书共 12 章，分别为 C 语言快速入门，数据类型，运算符，语句，数组，函数，预处理指令，指针，结构体、共用体及枚举，文件操作，程序调试，常用 C 语言标准库函数。

本书可作为高等院校 C 语言课程的教材，也可作为 C 语言初学者的入门教材，还可作为 C 语言程序员的参考用书。

图书在版编目(CIP)数据

C 语言程序设计：Visual Studio 2019 / 史广，高昱主编. —西安：西安电子科技大学出版社，2020.2

ISBN 978-7-5606-5617-5

Ⅰ. ①C… Ⅱ. ①史… ②高… Ⅲ. ①C 语言—程序设计—高等学校—教材 Ⅳ. ①TP312.8

中国版本图书馆 CIP 数据核字(2020)第 013614 号

策划编辑 李惠萍

责任编辑 郑一锋 雷鸿俊

出版发行 西安电子科技大学出版社(西安市太白南路 2 号)

电　　话 (029)88242885 88201467　　　邮　　编 710071

网　　址 www.xduph.com　　　电子邮箱 xdupfxb001@163.com

经　　销 新华书店

印刷单位 陕西天意印务有限责任公司

版　　次 2020 年 2 月第 1 版　2020 年 2 月第 1 次印刷

开　　本 787 毫米×1092 毫米 1/16　印　张 11.75

字　　数 274 千字

印　　数 1～3000 册

定　　价 29.00 元

ISBN 978-7-5606-5617-5 / TP

XDUP 5919001-1

* * * 如有印装问题可调换 * * *

前　　言

C 语言是一种计算机语言，是目前广泛流行的一种高级编程语言，主要由一些指令组成，可以通过这些指令来控制计算机进行各种工作。一直以来 C 语言以其简洁、高效的特点，受到了广大开发者的青睐。

本书内容简介

本书以目前最新的 Visual Studio 2019 作为开发工具，全面讲解了 C 语言程序设计的基础知识与编程实践。全书共分 12 章，涵盖了进行 C 语言开发所需的必备知识，全书以 100 多个示例为基础对相关知识点做了详细的实例剖析，秉承北京尚学堂实战化教学理念，让读者寓教于乐，迅速进入开发者的角色。

为使读者深刻理解 C 语言，本书大量运用了图表，读者可以更加直观地理解 C 语言的运行机制。书中第 11 章讲解 Visual Studio 2019 环境下 C 语言程序的调试技术，读者可以在前面章节学习的过程中穿插学习该章内容。为满足不同层次的教学需求，在教学过程中可对书中内容进行适当取舍，但建议理论课时数不少于 32 学时，实验课时数不少于 18 学时。

本书第 1～7 章由山西农业大学史广编写，第 8～10 章由北京尚学堂科技有限公司高昱编写，第 11 章由广东金融学院詹鑫编写，第 12 章由兰州工业学院樊小龙编写，全书由北京尚学堂科技有限公司高淇负责主审。

本书适合 C 语言初学者入门学习，也适合高等院校作为 C 语言课程教材，还可作为 C 语言程序员的技术参考用书。

丛书作者团队简介

本系列丛书由北京尚学堂科技有限公司组织编写。北京尚学堂科技有限公司旗下拥有软件开发、技术培训、技术咨询、在线教育四大领域业务，事业部遍布国内十多个城市，目前公司正与北京大学软件工程国家研发中心联合研发“程序理解与代码正确性智能判断”技术，并连续多年被新浪网、腾讯网授予中国好老师、金牌教育机构等称号，公司团队具有丰富的软件开发经验与教材编写实力。本系列丛书共十多本，涉及大数据、人工智能、JAVA 语言、C 语言、Python 语言等领域。

丛书编写组邮箱：book@sxt.cn，欢迎联系交流，欢迎对我们编写的书籍提出意见与建议。

本系列丛书配套资料可通过扫描以下二维码获取：

三人行必有我师，如读者在阅读本书过程中发现有不妥之处，望请指出，我们会继续改进。

编　者

2019 年 11 月

目　录

第 1 章 C 语言快速入门

C 语言是在国内外被广泛使用的一种计算机语言，具有功能丰富、表达能力强、使用灵活方便、应用面广等特点，近三十年在编程语言排行榜中稳居前三位，发展前景非常可观。C 语言既具有高级语言的优点，又具有低级语言运行高效的特性，因此特别适合编写系统软件，如著名的 UNIX 操作系统、Microsoft Windows 操作系统等都大量使用了 C 语言。

1.1 C 语言的发展历程

1978 年美国电话电报公司(AT&T)贝尔实验室正式发布了 C 语言，同时 B.W.Kernighan 和 D.M.Ritchit 合著了著名的《THE C PROGRAMMING LANGUAGE》一书，通常简称“K&R”，也称之为 K&R 标准，但在“K&R”中并没有给出 C 语言的标准，后来由美国国家标准协会(American National Standards Institute)在此基础上制定了 C 语言标准，于 1983 年发布，通常称之为 ANSI C。

1.2 C 语言的特点

C 语言是一种结构化程序设计语言，有清晰的层次结构，可按照模块化的方式进行程序开发，具有较强的数据处理能力和数据表现力。使用 C 语言可以开发系统软件或应用软件。一般面向底层的程序设计，除了可以使用汇编语言外，首选的就是 C 语言。C 语言主要有以下几个特点：

(1) 语言简洁。C 语言中共有 32 个保留字、9 种控制语句。

(2) 运算符丰富。C 语言中包括了用于算术运算、关系运算、逻辑运算、位运算等的 34 个运算符。

(3) 数据类型丰富。C 语言中包含 4 大类、12 种内置数据类型。

(4) C 语言允许直接访问内存地址，进行位操作，能实现汇编语言的大部分功能，可以实现面向硬件编程。

1.3　C 语言的标准

由于 C 语言具有易学、好用、高效等特点，所以迅速在各大软件公司、研发机构、高校中得到推广，但也出现了多种不同的 C 语言编译器。为了让同样的 C 语言代码在不同的编译器上都能正常编译，美国国家标准学会(American National Standards Institute，ANSI)和国际标准化组织(International Organization for Standardization，ISO)相继制定了 4 个标准，如下所示：

- C89 标准，1983 年制定，C 语言标准第一版，亦称为 ANSI C。
- C90 标准，1990 年制定，是 C89 的改进版，亦即 ISO/IEC 9899：1990。
- C99 标准，2000 年制定，通常被认为是 C 语言标准的第二版，亦即 ISO/IEC 9899：1999。
- C11 标准，2011 年制定，是 C 语言标准的第三版，亦即 ISO/IEC 9899：2011。

1.4　C 语言开发环境

1.4.1　常用的 C 语言开发工具

C 语言程序可以用任何文本编辑器进行开发，如 Microsoft Windows 平台的记事本工具、Notepad、EditPlus、VIM 等，但为了提高开发效率，我们一般采用集成了编译器的开发工具，如 Turbo C、MicroSoft Visual Studio、Eclipse + CDT + GCC、CodeBlocks 等。

Turbo C 是早期 DOS 平台下 C 语言的主要开发工具，由美国 Borland 公司开发，但由于其功能简单，后来逐渐被淘汰。

Eclipse+CDT+GCC 是在开源软件 Eclipse 的基础上，通过添加插件的方式来实现 C 语言程序开发的，它有一定的用户群体，配置、安装相对复杂。

CodeBlocks 是一个开放源码的全功能跨平台的 C 语言程序开发集成环境，但在 2017 年后便没有继续更新。

Microsoft Visual Studio 6.0 是微软的一个早期集成化的程序开发工具套件，曾是 Windows 平台下的 C 语言开发的主要工具，但随着 Windows 平台的不断升级，其兼容性也在不断降低。

Microsoft Visual Studio 2019 是微软的一个全新集成化的程序开发工具套件，该套件分为 3 个版本，分别为社区版(Community)、专业版(Professional)和企业版(Enterprise)，其中社区版对于学生和个人开发者可以免费使用。MicroSoft Visual Studio 2019 支持 C/C++、Java、Python 等语言程序开发，本书以 MicroSoft Visual Studio Community 2019 作为主要开发工具，以下简称 Visual Studio。

1.4.2　常用的 C 语言编译器

C 语言编译器可以将 C 语言编写的程序，经过编译转换成 CPU 能够识别的指令。目前常用的 C 语言编译器有 Windows 平台下的 cl.exe 编译器和 MinGW 编译器，Linux 平台下的 GUN GCC 编译器，Mac 平台下的 LLVM/Clang 编译器等。本书所使用的 Visual Studio 工具集成的是 cl.exe 编译器。

1.5　Visual Studio 的安装

1.5.1　Visual Studio 的下载

打开 Microsoft Visual Studio 2019 官方网站 https://visualstudio.microsoft.com/zh-hans/，如图 1-1 所示。

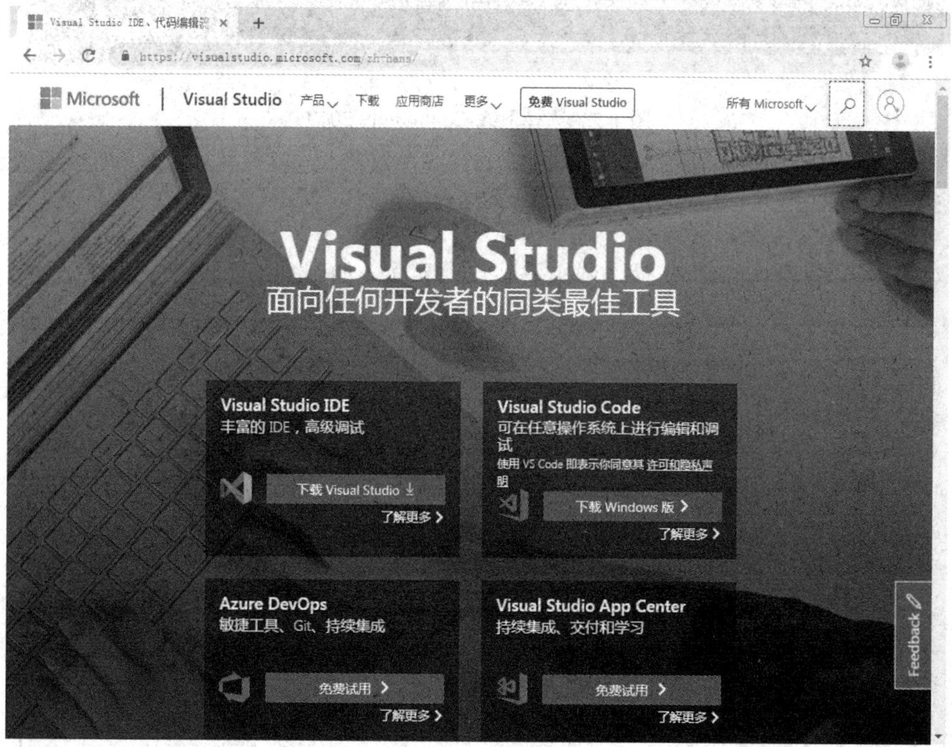

图 1-1　Visual Studio 官方网站

在 Visual Studio 官方网站首页中的 Visual Studio IDE 中选择下载 Community 2019，如图 1-2 所示。

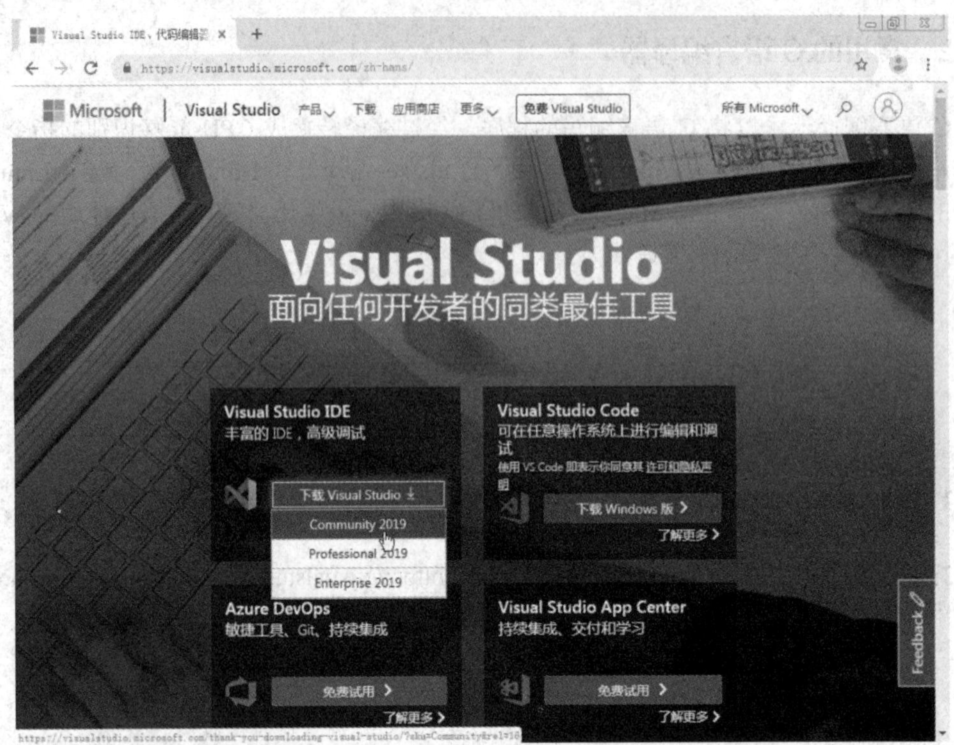

图 1-2　选择下载 Community 2019

1.5.2　Visual Studio 的安装

双击打开下载的可执行文件，弹出安装启动界面，如图 1-3 所示。

图 1-3　安装启动界面

点击安装启动界面中的继续按钮，会下载安装所需的相关程序，如图 1-4 所示。

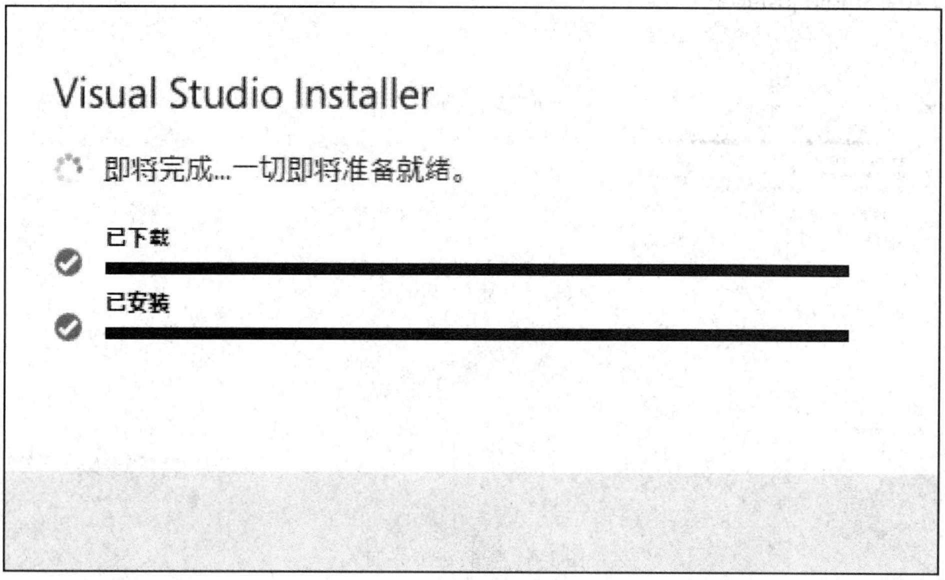

Visual Studio Installer

即将完成...一切即将准备就绪。

已下载

已安装

图 1-4　下载相关程序界面

下载完成后，会自动跳转到安装选项配置界面，勾选“使用 C++ 的桌面开发”，并指定安装位置，如图 1-5 所示。

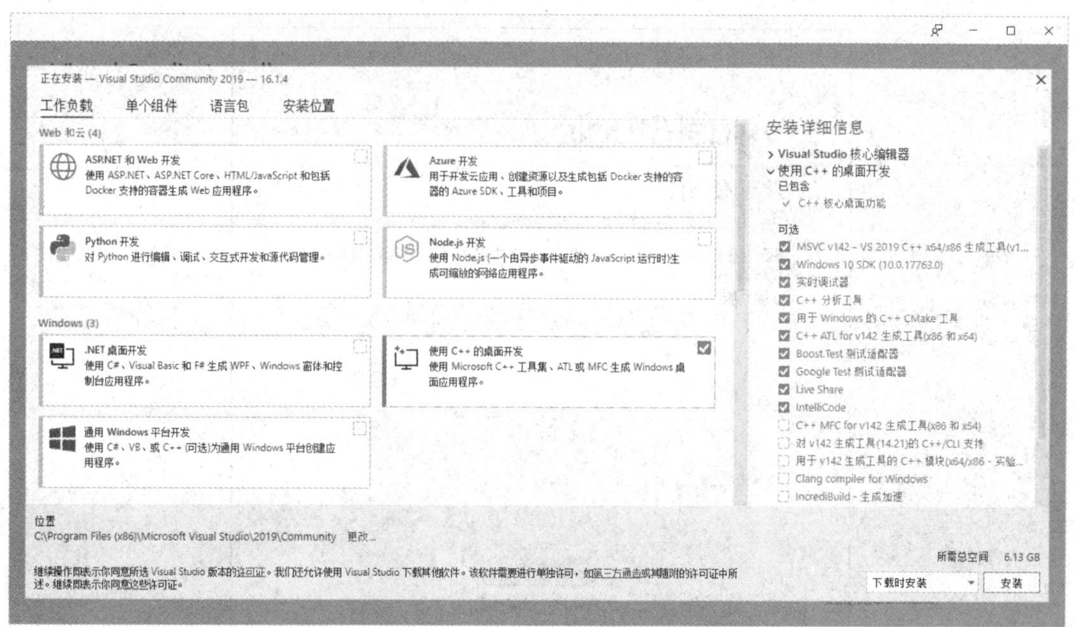

图 1-5　安装选项配置界面

在安装选项配置界面中点击“安装”按钮后，程序开始安装，并显示安装进度，如图 1-6 所示。

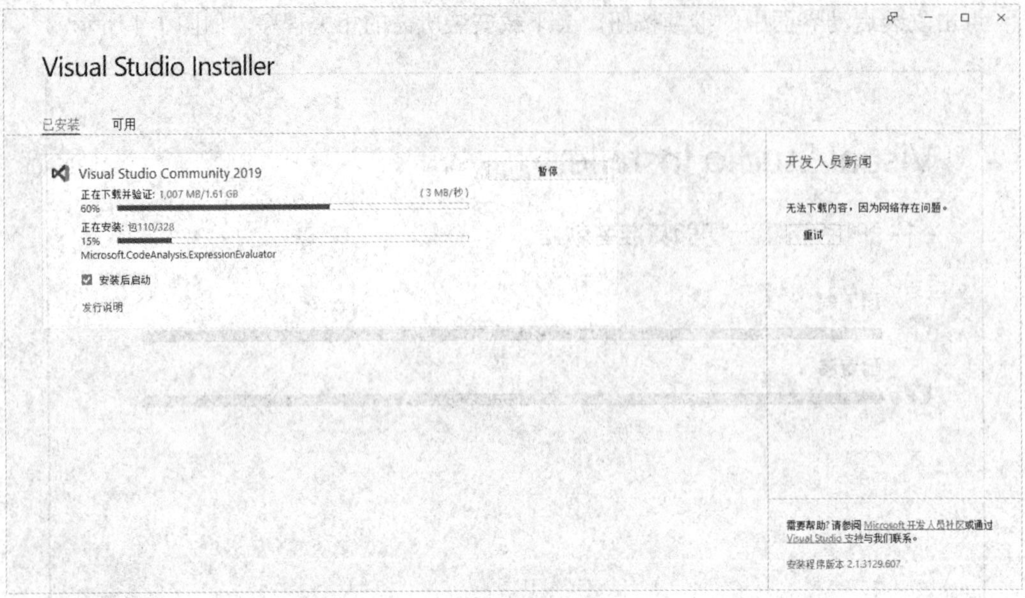

图 1-6　安装进度界面

安装结束后，会弹出欢迎界面，如图 1-7 所示。如果读者有微软的账户，可以选择“登录”，如果没有可以选择“创建一个”，也可以选择“以后再说”。如果选择“以后再说”只能试用 Visual Studio 30 天，30 天后提示“试用期结束”。建议读者注册一个账户，用账户登录后即可免费长期使用。

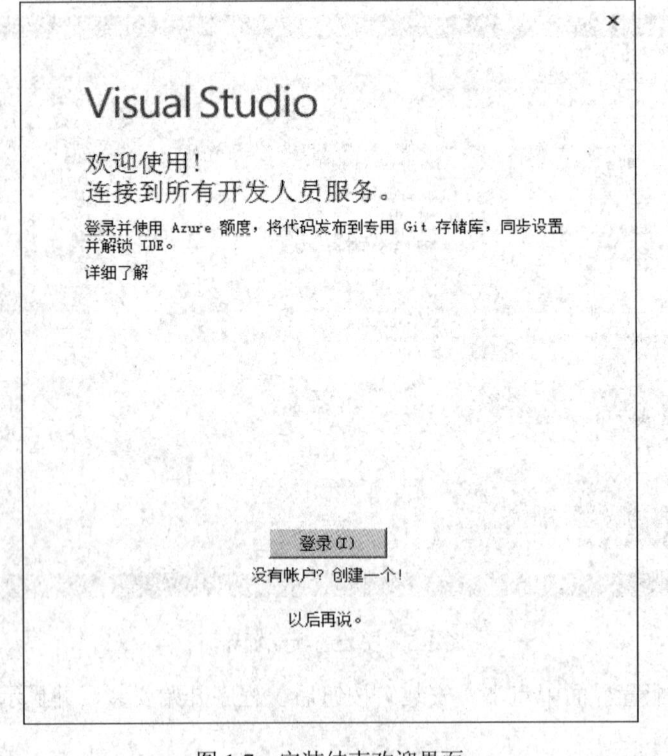

图 1-7　安装结束欢迎界面

在欢迎界面中，选择“以后再说”后系统会弹出开发环境配置界面，如图 1-8 所示，由于需要进行 C 语言程序的开发，开发环境中选择“Visual C++”，可以任意选择一个喜欢的颜色主题，这里选择“浅色”，配置完毕后点击“启动 Visual Studio”按钮即可。由于是第一次启动，系统会建立相关缓存，过程比较慢，启动完成后系统会弹出项目创建向导界面，如图 1-9 所示。

图 1-8　开发环境配置界面

图 1-9　项目创建向导界面

1.6 创建第一个 C 语言程序

在系统开始菜单中选择所有程序，点击“Visual Studio 2019”，打开开发工具，如图 1-10 所示。

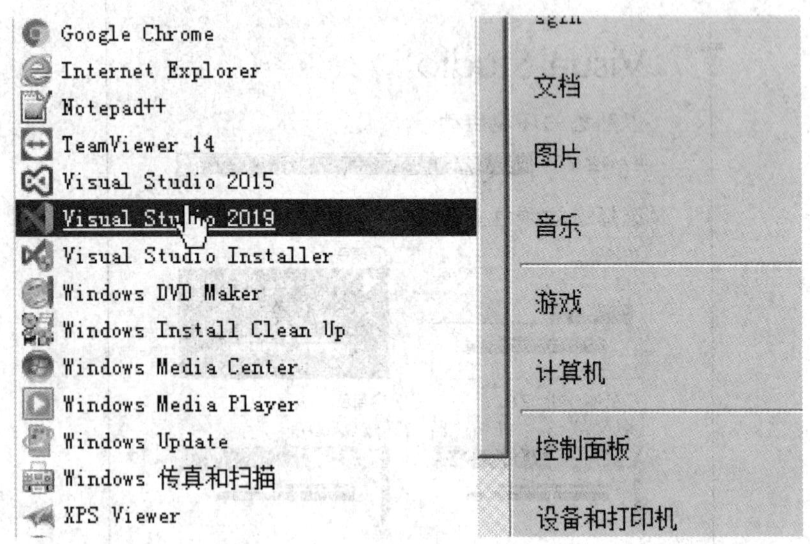

图 1-10 打开 Visual Studio 2019

点击“Visual Studio 2019”后，会弹出项目创建向导界面，如图 1-11 所示。

图 1-11 项目创建向导界面

在项目创建向导界面中选择“创建新项目”后，弹出项目类型选择界面，如图 1-12 所示。

图 1-12　项目类型选择界面

在项目类型选择界面中选择“控制台应用”，点击“下一步”，进入项目配置界面，如图 1-13 所示。

配置新项目
空项目　C++　Windows　控制台
项目名称
FirstApplication
位置
H:\bjsxt_c_kook
解决方案名称
FirstApplication
将解决方案和项目放在同一目录中
上一步(B)　创建(C)

图 1-13　项目配置界面

在项目配置界面的项目名称中输入“FirstApplicaton”，并在磁盘中创建一个文件夹，如：H:\bjsxt_c_kook，点击位置后面的浏览按钮将位置指向该文件夹，系统会自动填入解决方案名称。相关信息配置完毕后，点击“创建”按钮，完成项目的创建并进入开发环境，如图 1-14 所示。

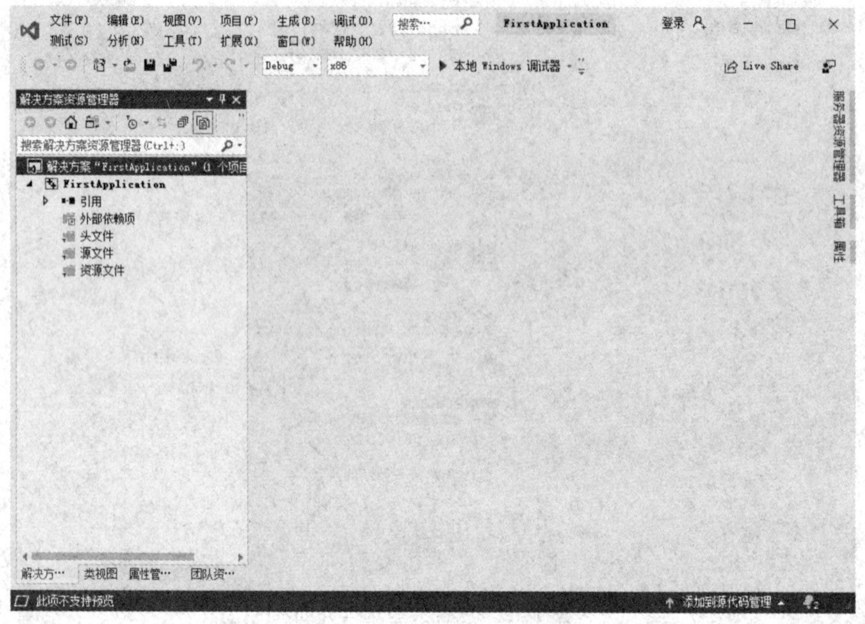

图 1-14　项目开发环境

在开发环境左侧的“解决方案资源管理器”中，右键点击“源文件”文件夹，选择“添加”→“新建项”，如图 1-15 所示。

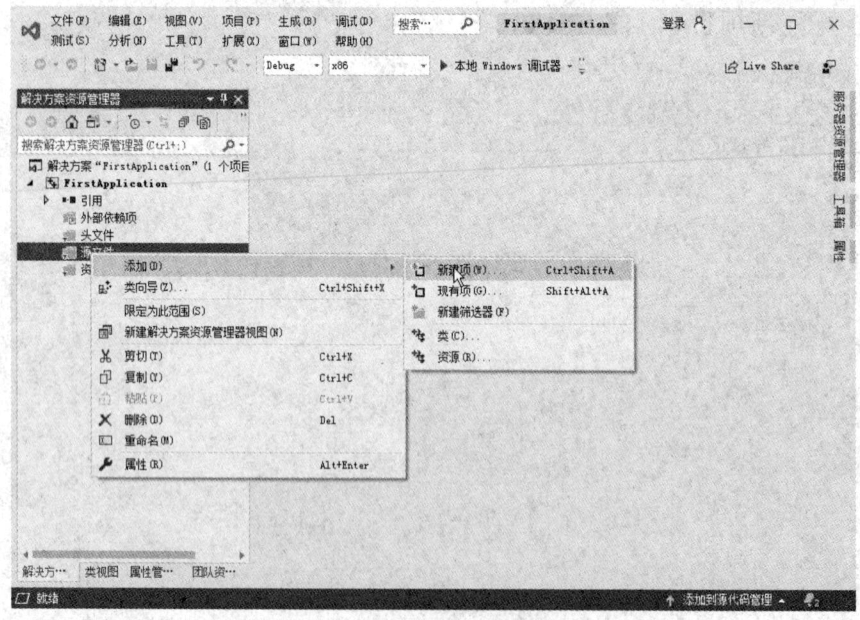

图 1-15　添加源文件操作界面

选择“新建项”后，打开“添加新项界面”，如图 1-16 所示，选择“C++文件(.cpp)”，在名称中输入：FirstApplication.cpp 或 FirstApplication.c，位置保持默认值，再点击“添加”，完成源文件的添加。完成后在源文件文件夹下会显示添加的源文件，如图 1-17 所示。

图 1-16　添加新项配置界面

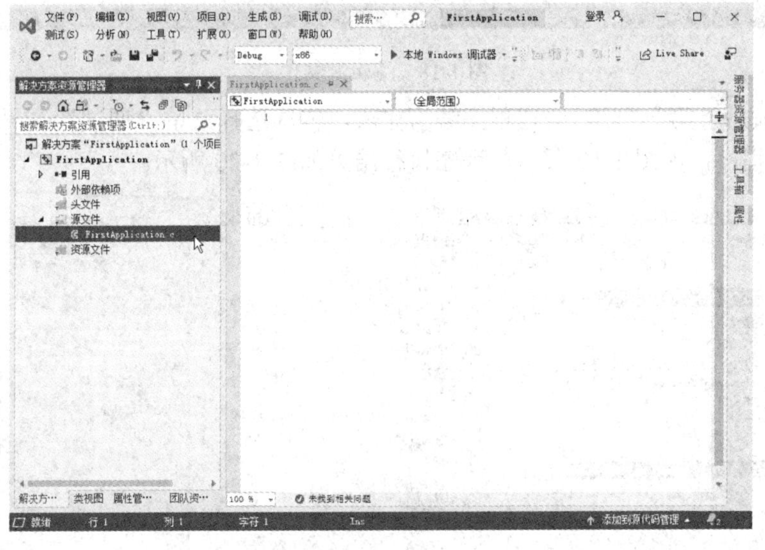

图 1-17　源文件文件夹下显示添加的源文件

注意：C++是在 C 语言的基础上进行的扩展，所以 C++包含了 C 语言的所有内容，在进行 C 语言开发时，大部分开发环境会默认创建后缀名为 .cpp 的 C++源文件，为了与 C++区别，在编写 C 语言程序时，一般创建后缀名为 .c 的源文件。

双击新创建的源文件，系统会在开发环境的右侧打开该文件，在空白区域输入以下代码(如图 1-18 所示)：

```
#include<stdio.h>
void main()
```

```
{
    printf("Hello BJSXT!\n");
}
```

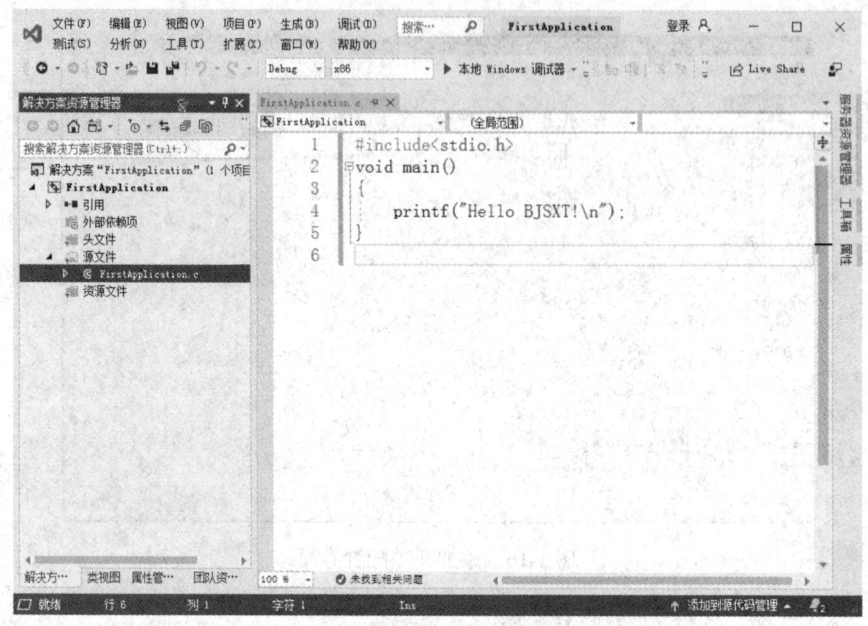

图 1-18 编辑源文件

输入完成后，第一个 C 语言程序编写完成，依次选择菜单“调试”→“开始执行(不调试)”运行程序，如图 1-19 所示，程序执行结果如图 1-20 所示。

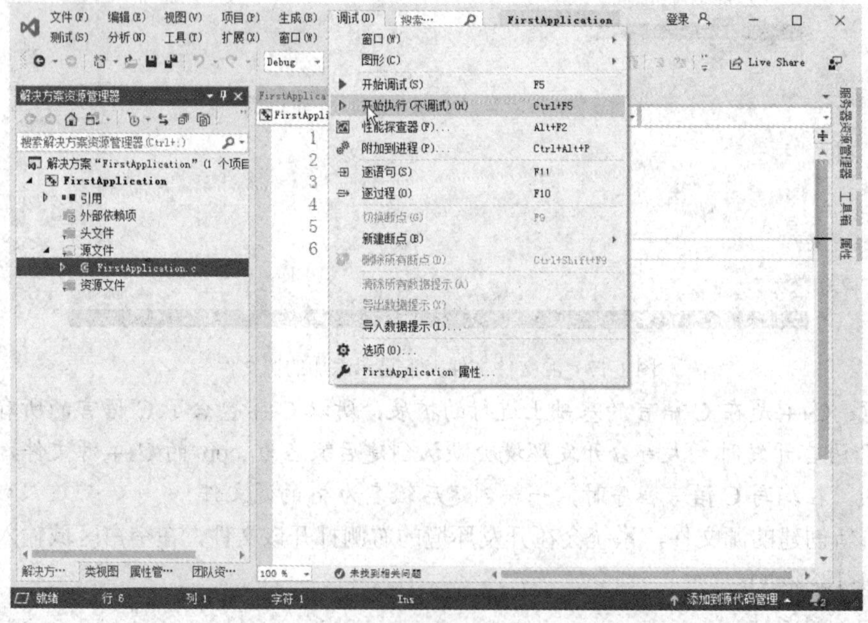

图 1-19 执行程序

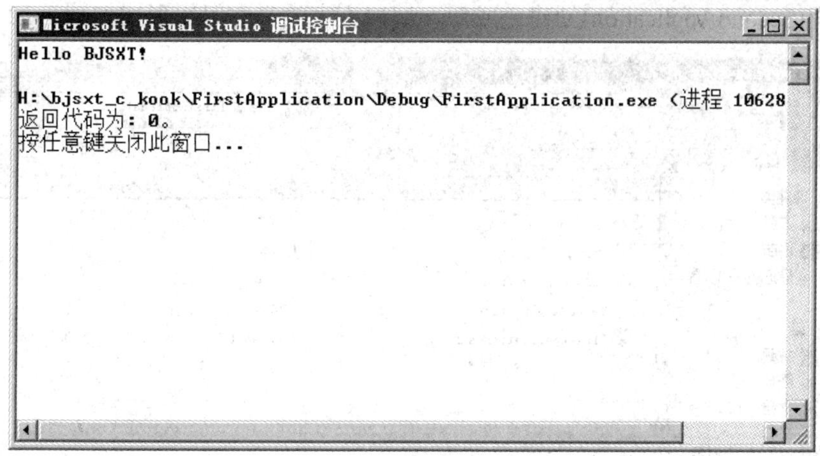

图 1-20　程序执行结果

1.7　Visual Studio 下 C 语言程序文件的组织形式

Visual Studio 是以基于解决方案的组织形式来实现程序文件的管理的，一个解决方案可以包含若干个工程，默认新建第一个工程时，会新建一个与工程名同名的解决方案。如后续添加新工程可以选择新建解决方案，也可以将其添加到已有的解决方案。如：再新建一个“SecondApplication”工程，在项目配置界面中的解决方案处可以选择“添加到解决方案”或“创建新解决方案”，当选择“添加到解决方案”时，会自动将该工程添加到当前已打开的解决方案中，如图 1-21 所示。

图 1-21　添加新工程解决方案的选择

新工程(SecondApplication)创建完成后，解决方案的文件组织形式如图 1-22 所示。

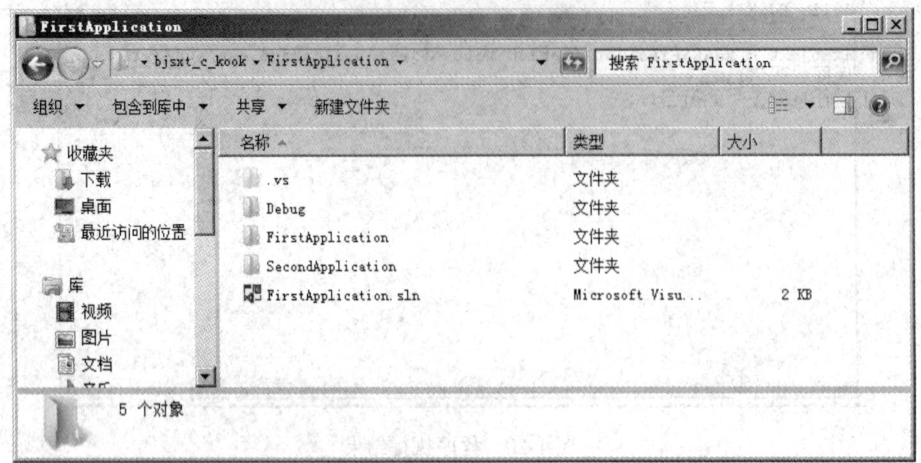

图 1-22 “FirstApplication”解决方案的文件组织形式

一个解决方案存在于一个文件夹下，并以解决方案名为该文件夹名称，如“FirstApplication”解决方案是一个文件夹，在该文件夹下，隶属于该解决方案的工程也会以文件夹的形式存在，并以工程名为文件夹名，解决方案文件夹根目录下的“FirstApplication.sln”文件用来管理整个解决方案，解决方案文件夹根目录下的“Debug”文件夹是该解决方案的调试文件存放位置。

工程隶属于解决方案，一个解决方案可以只有一个工程，图 1-23 为“FirstApplication”工程的文件组织形式。

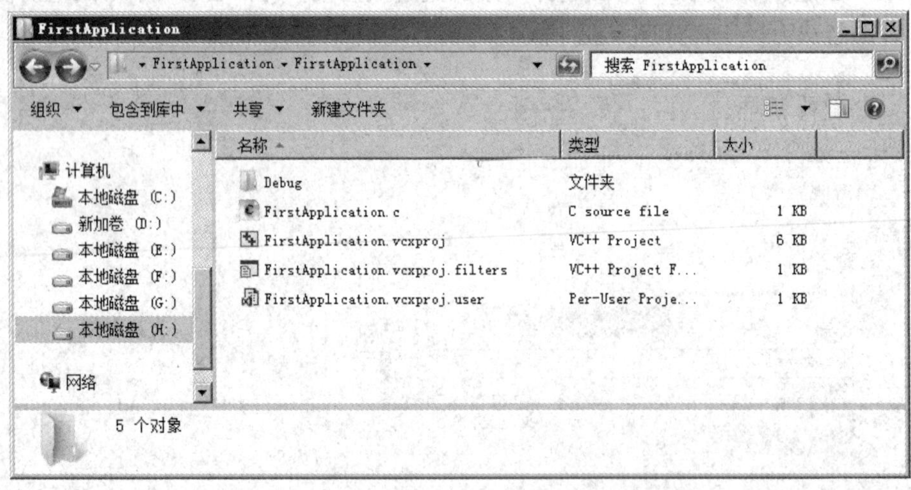

图 1-23 “FirstApplication”工程的文件组织形式

其中，“FirstApplication.c”是 C 语言源码文件；“FirstApplication.vcxproj”是该工程的配置文件；“FirstApplication.vcxproj.filters”是工程的视图文件，用来控制文件在开发环境中的可见性；“FirstApplication.vcxproj.user”是本地化用户配置文件，保存开发环境的配置；“Debug”文件夹是该工程的调试文件存放位置。

1.8　C 语言程序开发规范

为了使读者学习 C 语言时能够快速入门，读者首先应掌握 C 语言程序开发的基本步骤以及 C 语言程序的基本结构。

1.8.1　程序的开发步骤

C 语言是一种编译型的语言，C 语言源程序需要经过编译、连接、生成可执行文件流程后才能够执行。C 语言的开发步骤如图 1-24 所示。

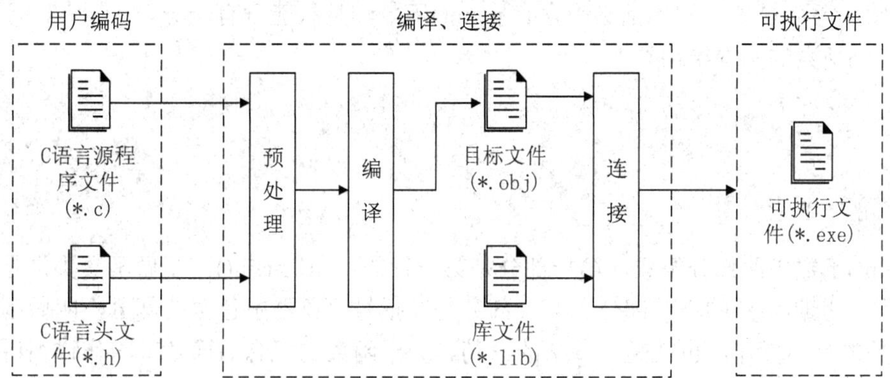

图 1-24　C 语言程序开发步骤

开发者进行程序开发的主要任务是编写源文件，源文件编写完成后需要经过预处理、编译、连接等步骤生成可执行文件。编译是将源代码翻译成计算机使用的语言，即机器语言(二进制格式的语言)，经过编译生成目标文件，目标文件的扩展名为 .obj，在编译过程中如果出现语法错误，编译程序会直接报错，以便开发者进行检查和修改，编译后需要通过连接将一个或多个目标文件与库文件进行连接，生成可执行文件，可执行文件的扩展名为.exe。

1.8.2　程序的结构

下面通过一个例子，讲解 C 语言的程序结构。

【例 1-1】 一个简单的输出语句程序，代码如下：

```
#include <stdio.h>
void main(){
   printf("北京尚学堂，欢迎你！\n");
}
```

如上例所示，C 语言程序具有一定的结构，说明如下：

```
预处理指令
void main()            //主函数
```

```
{                       //主函数体开始
声明部分
执行部分
}                       //主函数体结束
```

预处理指令是在编译前，加载外部程序的指令，如：#include <stdio.h>，是将 stdio.h 头文件的内容加载进来，放在#include 指令所在的位置，取代#include <stdio.h>，由加载进来的程序和其他部分一起构成一个完整的、可以编译的源程序，然后再由编译程序对该源程序进行编译。

main()是程序的主函数，操作系统通过调用 main()函数来执行程序，也就是说，main()函数是程序的入口，不管 main()函数放在程序中的什么位置，每次程序运行都会从 main()函数开始，每个 C 语言程序都必须含有 main()函数，且只能含有一个。

main()函数的基本结构如下：

```
void main()
{

}
```

main()函数由两部分组成，第一部分是第一行的 void main()，叫做函数头，是函数定义的开始，也叫函数的声明部分。第二部分是花括号“{}”中包含的部分，叫做函数体，是该函数的具体操作，也就是一条条的语句。关于函数的概念后面章节将作详细讲解。

1.8.3 初学者常见错误

【例 1-2】 示例错误程序：

```
void main()
{
    Printf(北京尚学堂，欢迎你！)
}
```

• 第一个错误：printf 函数写成了 Printf，C 语言区分大小写；

• 第二个错误：“北京尚学堂，欢迎你！”是个字符串，字符串在 C 语言中需要用双引号“”括起来；

• 第三个错误：“print(北京尚学堂，欢迎你！)”后面要有分号，C 语言中的每条语句都要用分号结束；

• 第四个错误：程序中调用了输出函数 printf()，没有加入#include <stdio.h>预处理头文件。

1.8.4 程序的注释

注释是对程序的说明，用来提高程序的可读性，注释可以放在程序的任何位置，当程序在编译时会自动忽略注释信息，也就是说，注释信息不会参与程序的编译过程。在 C

语言中有两种注释方法，一种是单行注释，另一种是多行注释，多行注释也称块注释，单行注释用双斜杠“//”表示，多行注释用“/* */”表示，如例 1-3 所示。

【例 1-3】 程序中的注释。举例代码如下：

```
#include <stdio.h>
void main(){
//单行注释
/*
多行注释
多行注释
*/
   printf("北京尚学堂，欢迎你！\n");
}
```

使用“//”只能表示其所在行是注释信息，如果是多行注释需要使用“/*……*/”，把要注释的内容放在/*和*/之间即可，通常在比较复杂或比较重要的代码前添加注释信息，可使程序具有较高的可读性。养成良好的注释习惯，不仅可以帮助自己在开发过程中理清编程思路、提高开发速度，还会使阅读程序的人更加容易理解程序编写者的编程思想。

1.8.5　数据的输入与输出

为了使读者能够快速入门，这里将简单介绍 C 语言中数据的输入与输出方法。

一般数据输出指的是输出到显示器，数据输入指的是读取键盘输入的数据。输入与输出过程由库函数控制。在使用库函数时，需要使用预编译指令“#include”，将该库函数所在的头文件包含进来，输入与输出库函数在“stdio.h”头文件中，如果需要使用输入输出库函数，需要将“stdio.h”头文件包含进来，如下所示：

```
#include< stdio.h >
```

或

```
#include "stdio.h"
```

常用的输入与输出函数包括：字符输入与输出函数和格式输入输出函数，字符输入与输出函数一般用于单个字符的输入与输出，格式输入与输出函数一般用于按指定格式进行字符的输入与输出。

(1) 字符输出函数：putchar()，其功能是在显示器上输出单个字符。一般形式为：

```
putchar(字符变量)
```

如例 1-4 所示，在屏幕中输出字符。

【例 1-4】 putchar 函数的使用。举例代码如下：

```
#include<stdio.h>
void main(){
   char a='B', b='o', c='k';
   putchar(a); putchar(b); putchar(b); putchar(c); putchar('\t');
   putchar(a); putchar(b);
```

```
    putchar('\n');
    putchar(b); putchar(c);
  }
```

(2) 字符输入函数：getchar()，其功能是读取从键盘输入的字符。一般形式为：

```
getchar();
```

如例 1-5 所示，读取从键盘输入的字符。

【例 1-5】 getchar 函数的使用。举例代码如下：

```
#include<stdio.h>
void main(){
   char c;
   printf("input a character\n");
   c=getchar();
   putchar(c);
}
```

(3) 格式输出函数：printf()，其功能是按指定的格式，把数据输出到显示器屏幕。一般形式为：

```
printf ("格式控制字符串", 输出列表)
```

格式控制字符串用于指定输出格式，可由格式字符串和非格式字符串组成，格式字符串是以%开头的字符串，在%后面跟格式字符，用来说明输出数据的格式。常用格式字符如表 1-1 所示。

表 1-1　格式字符表

格式字符	意　义
d	以十进制形式输出带符号整数(正数不输出符号)
o	以八进制形式输出无符号整数(不输出前缀 0)
x, X	以十六进制形式输出无符号整数(不输出前缀 0x)
u	以十进制形式输出无符号整数
f	以小数形式输出单、双精度实数
e, E	以指数形式输出单、双精度实数
g, G	以%f 或%e 中较短的输出宽度输出单、双精度实数
c	输出单个字符
s	输出字符串

输出列表是输出项，格式字符串和输出列表在数量和类型上应该一一对应。

printf 函数的应用如例 1-6 所示。

【例 1-6】 printf 函数的应用。举例代码如下：

```
#include<stdio.h>
void main()
{
```

```
    int a=88, b=89;
    printf("%d %d\n", a, b);
    printf("%d, %d\n", a, b);
    printf("%c,%c\n", a, b);
    printf("a=%d, b=%d", a, b);
}
```

(4) 格式输入函数：scanf()，其功能是按用户指定的格式从键盘上把数据输入到指定的变量中。一般形式为：

```
scanf ("格式控制字符串", 地址列表);
```

其中，“格式控制字符串”的作用与 printf 函数中的相同，“地址列表”表示变量的地址。

scanf 函数的应用如例 1-7 所示。

【例 1-7】 scanf 函数的应用。举例代码如下：

```
#include<stdio.h>
void main(){
    int a, b, c;
    printf("input a, b, c\n");
    scanf("%d%d%d", &a, &b, &c);
    printf("a=%d, b=%d, c=%d", a, b, c);
}
```

1.8.6　代码的书写规范

在编写 C 语言代码时应该遵循以下规范：

(1) 代码中所有字符均采用小写，常量等特殊标识符除外，标点符号均为英文标点。

(2) 每行语句均使用分号“;”作为结束标志，如果语句末尾没有用分号，则认为此行语句没有结束；在同一行中可以有多条语句，不同语句之间用分号分隔。

(3) 应采用阶梯层次组织程序代码，以便阅读、理解和调试。

1.9　Visual Studio 开发环境简介

Visual Studio 是标准的 Windows 开发环境，用户可以运用该开发环境轻松、快速地进行 C 语言程序开发，项目创建后可以打开如图 1-25 所示的界面。

程序开发界面中常用的是资源管理器、代码编码区、信息提示区、系统菜单以及快捷工具栏。资源管理器用来组织管理程序文件，可以切换到类视图、属性管理器、团队资源管理器；代码编码区用来编辑或查看当前打开的文件，编码过程即是在这个区域完成的；信息提示区用来显示程序的编译过程信息以及程序的输出信息；系统菜单用来调用 Visual Studio 的各项功能；快捷工具栏用来放置常用的系统功能项，用户也可以根据自己的需求进行定制。

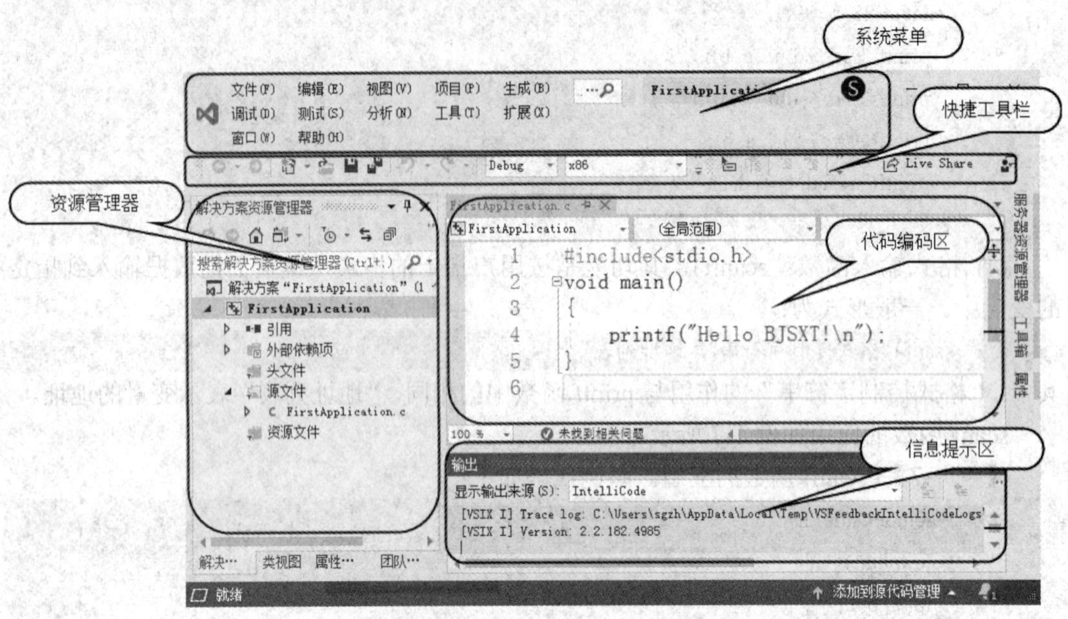

图 1-25　Visual Studio 程序开发界面

本 章 小 结

本章主要介绍了 C 语言的发展、特点、常见 C 语言编译器、开发工具的使用以及 C 语言程序的开发规范，旨在引导读者快速入门，使读者通过本章的第一个 C 语言程序，快速掌握 Visual Studio 开发工具的使用，并在过程中体会 C 语言程序的开发流程。

本章重点应掌握 Visual Studio 开发工具的使用及 C 语言程序的开发流程。

习　　题

1. 什么是程序？什么是程序设计？
2. C 语言程序的总体结构是什么？
3. 执行一个 C 语言程序的一般过程是什么？
4. 主函数 main()在程序中处于什么地位？
5. 编写程序，输出"Hello World"，并编译运行。

第 2 章　数 据 类 型

计算机程序处理的对象是数据，数据在计算机中用常量和变量表示，数据类型是对数据的描述，用数据类型来描述数据是为了将相同性质的数据归类，统一值域和规范操作。

学习程序设计，首先要学习如何去表示数据，本章将介绍 C 语言中的数据类型及变量和常量。

2.1　字符集和标识符

C 语言中使用了一部分符号，用来实现语言的功能，这些符号与数据构成了程序，其中字符是构成语言的最基本元素，标识符是用来给变量、常量、函数等命名的字符序列。

2.1.1　字符集

字符是组成计算机语言的最基本元素，是编写 C 语言程序时可以使用的字符，在 C 语言中字符包括字母、数字、空格、标点和特殊符号，它们统称为字符集，如下所示：

- 小写字母 a～z 共 26 个。
- 大写字母 A～Z 共 26 个。
- 数字 0～9 共 10 个。
- 特殊符号包括：+ - * / = , . _ : ; ? \ “ ‘ <> 空格 ~ | ! # % & () [] {} ^。

2.1.2　标识符

标识符是用来给变量、常量、函数等命名的字符序列，命名后可以在程序中通过名字引用，在 C 语言中规定，标识符只能由字母(a～z，A～Z)、数字(0～9)、下划线(_)组成，标识符可以是一个字符，也可以是多个字符的序列，而且规定第一个字符必须是字母或下划线。

例如：nCount、iTest23、high_balance 是正确的；

room3-1 是错误的，因为该标识符包含了非法字符“-”。

标识符可以为任意长度，但内部名必须至少能由前 31 个字符唯一区分，内部名指的是仅出现在定义该标识符的文件中的标识符；外部名必须至少能由前 8 个字符唯一区分，外部名指的是在连接过程中所涉及的标识符，包括文件间共享的函数名和全局变量名。因为某些编译程序只能识别前 8 个字符，所以标识符 nCounter、nCounter1、 nCounter2 将被看成是同一个标识符即 nCounter。

标识符中的字母区分大小写，因此 nCounter，nCOUNTER，NCOUNTER 是三个不同的标识符。

标识符的名称一般应具有一定的含义，命名规范中讲求“见名知义”，即通过标识符的名称就可以知道这个标识符代表什么含义。比如，为了解决鸡兔同笼的问题，需要定义变量来表示鸡和兔的数量，可以分别定义“cock”和“rabbit”。但要注意，不要与 C 语言的保留字同名，也不能和已定义的标识符同名。

2.1.3 保留字

在 C 语言程序中，由系统定义的标识符称为“保留字”，也称“关键字”，保留字全部由小写字母组成，在程序中有着特殊的含义。在定义标识符时，不能和保留字相同，这些保留字如表 2-1 所示。

表 2-1 C 语言中的保留字

auto	break	case	char	const	continue	default
do	double	else	enum	extern	float	for
goto	if	int	long	register	return	short
signed	static	sizeof	struct	switch	typedef	union
unsigned	void	volatile	while			

2.2 数据类型

C 语言中将用来描述数据的数据类型分为四类，分别为：基本类型、构造类型、指针类型和空类型，如图 2-1 所示。

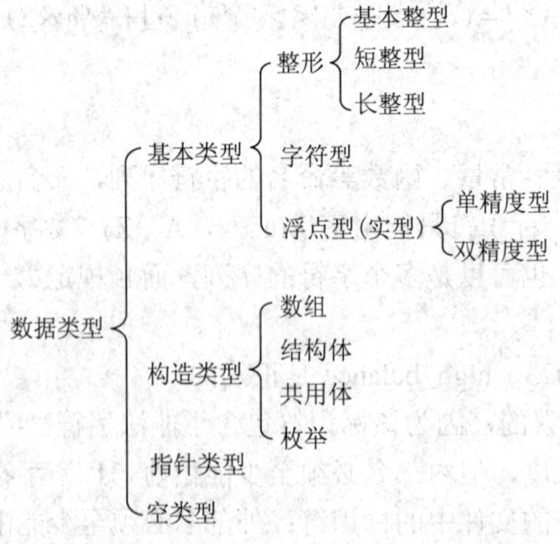

图 2-1 C 语言四大数据类型

2.2.1　基本类型

基本类型最主要的特点是其值不可以再分解为其他类型，是 C 语言内部预先定义的数据类型，包括整型、浮点型(实型)、字符型 3 种。

1．整型

整型包括基本整型(int)、短整型(short)、长整型(long)，表示没有小数部分的数字，例如 0、2、−200、1000 等。整型数据类型是所有编程语言中最基本的数据类型之一，不同的编译器可以根据硬件特性(CPU 字长)制定合适的数据类型长度，但要遵循下列原则：

- short 和 int 类型至少为 16 位。
- long 类型至少为 32 位。
- short 类型不得长于 int 类型。

整型可以通过限定符 signed 和 unsigned 限定其数值表示形式，signed 表示带标志的，这里的标志是指正负号(+、−)，使用 signed 限定符限定后，可以表示整数、负数或零值；unsigned 表示不带标志的，使用 unsigned 限定符限定后，可以表示非负数(正数或 0)。

整型通过限定符 signed 和 unsigned 限定后，其取值范围和所占内存位数如表 2-2 所示。

表 2-2　整数被限定符限定后的取值范围和所占内存位数

类　型	所占内存位数	取值范围
[signed] short [int]	16	$-2^{15}\sim2^{15}-1$
unsigned short [int]	16	$0\sim2^{16}-1$
[signed] int	16 或 32	$-2^{15(31)}\sim2^{15(31)}-1$
unsigned [int]	16 或 32	$0\sim2^{16(32)}-1$
[signed] long [int]	32	$-2^{31}\sim2^{31}-1$
unsigned long [int]	32	$0\sim2^{32}-1$

在 C 语言中，一个整型数据通常可以使用八进制、十六进制和十进制 3 种方法表示。十进制整常数没有固定的前缀，数码取值范围是 0～9，如：237、-568、65535、1627；八进制整常数必须以前缀 0 开头，数码取值范围是 0～7，如：015、0101、0177777；十六进制整常数以前缀 0X 或 0x 开头，数码取值范围是 0～9、A～F 或 a～f，如：0X2A、0XA0、0XFFFF。

2．浮点型

浮点型也叫实型，用来表示带有小数位的数字。浮点型在输出时通常只保留 7 位有效数字，包括单精度浮点型(float)和双精度浮点型(double)。小数在 C 语言中默认是双精度浮点型，如需指定为单精度浮点型，需要在其后面添加字符 f 或 F，浮点型数据的所占内存位数和取值范围如表 2-3 所示。

表 2-3　浮点型数据所占内存的位数及取值范围

类　型	所占内存长度	取值范围
float	32	$10^{-37}\sim10^{38}$
double	64	$10^{-307}\sim10^{308}$
long double	128	$10^{-4931}\sim10^{4932}$

浮点型数据的表示方法有两种，一种是标准小数点表示法，另一种是科学计数法。标准小数点表示法，表示的就是常用的带有小数位的数字，例如：10.0、1211.2333、0.02322；科学计数法通常用来表示位数比较长的数字，其表示方法如表 2-4 所示。

表 2-4　科学计数法表示方法

科学计数法计数	意　义
2.333E+7	2.333×10^{7}
3.654E-3	3.654×10^{-3}
3E+10	3×10^{10}
-23.334E9	-23.334×10^{5}

3．字符型

字符型(char)用于表示字符，占用内存空间一个字节，使用时用单引号引起来。

2.2.2　构造类型

构造类型是由基本类型或已定义的其他数据类型构造出来的数据类型，也就是说，一个构造类型可以分解成若干部分，每个部分都是一个基本类型或是一个已定义的其他数据类型，在 C 语言中，构造类型包括：数组、结构体、共用体、枚举。

2.2.3　指针类型

指针类型用来表示一个内存地址，指针类型数据是一个无符号整数，取值范围是当前系统的寻址范围，C 语言的主要特点就是指针的运用。

2.2.4　空类型

空类型用于表示一个函数不返回任何值，还可以定义一个指向 void 类型的指针，一个空类型指针可以指向各种不同类型的数据。

2.3　常　量

在程序中，其值不发生改变的量称为常量，常量根据其用途可分为直接常量和命名常量，直接常量也称为字面常量。

2.3.1　直接常量

直接常量可由字母、数字、特殊符号构成，当一个直接常量由纯数字构成时，可以表示一个数值，如：10、0177777、0X2A，可以进行数学运算，如果将纯数字用引号引起来，此时表示一个字符序列，如："10"、"0177777"、"0X2A"，不可以进行数学运算；当一个直接常量由字母构成或字母和数字混合构成时，可以表示一个字符序列，由一个字符构成时，使用单引号引起来，由多个字符构成时，使用双引号引起来，如："bjsxt"、'A'。

注意：如果将数字用单引号或双引号引起来，该数字将失去数学意义，这时的数字和字母一样就是一个普通字符。

在 C 语言中定义了一些特殊符号用于转义，这些符号也是直接常量，使用时需要用引号引起来，常用的转义字符如表 2-5 所示。

表 2-5　C 语言中常用转义字符

转义字符	含　义
\a	响铃
\b	退格
\f	换页
\n	换行
\r	回车
\t	水平制表符
\v	垂直制表符
\'	' 字符
\"	" 字符
\\	\ 字符

使用水平制表符和换行转义字符输出一个字符串，如例 2-1 所示。

【例 2-1】 转义字符的使用示例。示例代码如下：

```
#include <stdio.h>
Void main()
{
    printf("Hello\tBJSXT\n");
}
```

程序运行结果：

```
Hello	BJSXT
```

2.3.2 命名常量

命名常量是在内存中开辟一个存储单元存储常量值，并且给存储单元定义一个名称，常量确定以后通过该名称不可以修改存储单元里的值。

注意：通过指针可以修改。

定义一个命名常量的一般形式为：

```
const 数据类型 常量名
```

其中，const 表示定义命名常量的关键字，数据类型表示常量的数据类型，常量名表示常量的名称，常量名一般推荐大写。

通常把命名常量简称为常量，常量的存取效率要比变量高，在程序设计中，应尽可能将不变的量定义成常量，常量名的命名要遵循标识符的命名规则，要“见名知义”，即通过常量名就可以知道这个常量代表什么含义，如例 2-2 所示。

【例 2-2】 命名常量的使用示例。示例代码如下：

```
#include <stdio.h>
void main()
{
    const int   LENGTH = 10;
    const int   WIDTH    = 5;
    int area;
    area = LENGTH * WIDTH;
    printf("value of area : %d\n", area);
}
```

程序运行结果：

```
value of area : 50
```

2.4 变　　量

在程序中，其值可以改变的量称为变量。变量在内存中占据一块存储单元，变量定义必须放在变量使用之前，一般在函数体的开头部分。变量具有三个要素，分别为变量名、变量值和存储单元，如图 2-2 所示。

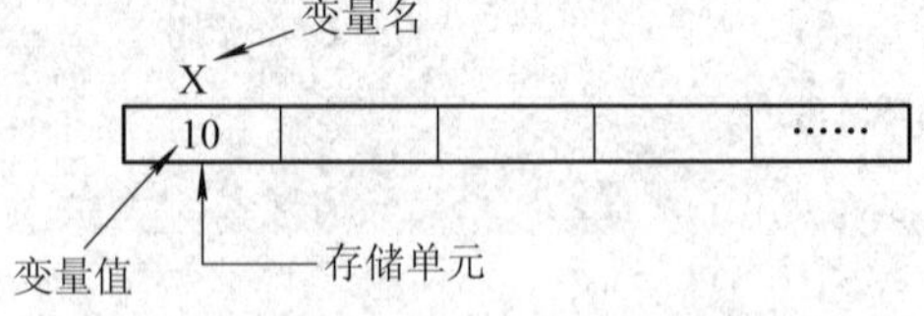

图 2-2　变量名、变量值、存储单元示意

变量定义的一般形式为：

```
数据类型　变量名[=变量值];
```

其中，数据类型表示变量的数据类型。变量名表示该变量的名称，变量名可以是字母、数字和下划线的组合。变量名的开头必须是字母或下划线，不能是数字，最常用的是以字母开头，而以下划线开头的变量名通常是系统专用；变量名中的字母区分大小写，如 a 和 A 是不同的变量名，num 和 Num 也是不同的变量名；变量名不能和 C 语言保留字相同；变量名中不能有空格。[=变量值]表示变量可以在定义时赋值，也可以在后续程序中赋值，但是变量在使用前必须赋值，如：

```
int   a=10;
```

也可以是：

```
int   a;
a=10;
```

变量的运用，如例 2-3 所示。

【例 2-3】 整型变量的使用示例。示例代码如下：

```
#include <stdio.h>
void main()
{
    int a, b, c, d;
    unsigned u;
    a = 12; b = -24; u = 10;
    c = a + u; d = b + u;
    printf("a + u = % d, b + u = % d\n", c, d);
}
```

程序运行结果：

```
a + u = 22, b + u = -14
```

2.5　数据类型转换

变量的数据类型可以转换，转换的方法有两种，一种是自动转换也称隐式转换，另一种是强制转换。

2.5.1　自动转换

自动转换发生在不同数据类型的变量混合运算时，由编译系统自动完成。若参与运算的变量数据类型不同，则先转换成同一数据类型，然后进行运算。转换按数据长度增加的方向进行，以保证精度不降低，如 int 型变量和 long 型变量运算时，先把 int 型变量转成 long 型变量后再进行运算。所有的浮点型运算都以 double 型进行，即使是仅含 float 型变量运算的表达式，也要先转换成 double 型，再作运算。char 型变量和 short 型变量参与运算时，必须先转换成 int 型。在赋值运算中，当赋值符两边变量的数据类型不同时，赋值符右边变量的类型将转换为左边变量的类型，如果右边变量的数据类型长度比左边变量的数据类型长时，将丢失一部分数据，这样将会降低数据计算精度，丢失的部分按四舍五入向前舍入。类型自动转换规则如图 2-3 所示。

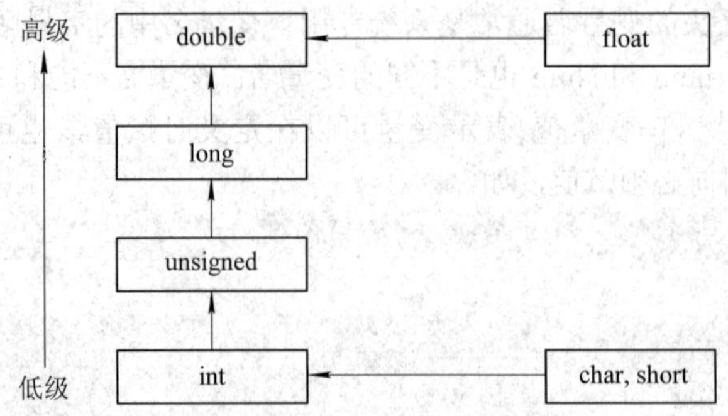

图 2-3　类型自动转换规则

数据类型的自动转换，如例 2-4 所示。

【例 2-4】 数据类型自动转换示例。示例代码如下：

```
#include <stdio.h>
void main()
{
    float PI = 3.14159;
    int s, r = 5;
    s = r * r * PI;
    printf("s=%d\n", s);
}
```

程序运行结果：

```
s=78
```

程序解读：本例中，PI 为浮点型，s 和 r 为整型，在执行 s=r*r*PI 语句时，r 和 PI 都转换成 double 型计算，结果也为 double 型，但由于 s 为整型，故赋值结果仍为整型，舍去了小数部分。

2.5.2　强制类型转换

自动类型转换是编译器根据代码的上下文自行判断进行转换的，因此有时候并不是那么“智能”，不能满足所有的需求，开发者也可以在代码中指定要转换到的数据类型，这种类型转换称为强制类型转换。

强制类型转换的一般形式为：

```
(类型说明符) (表达式)
```

例如：

(float) a　　　表示把 a 转换为实型

(int)(x+y)　　表示把 x+y 的结果转换为整型

在使用强制转换时，类型说明符和表达式都必须加括号，如若把(int)(x+y)写成(int)x+y，则成了把 x 转换成 int 型之后再与 y 相加。无论是强制转换还是自动转换，都只是为了本次运算的需要而对变量的数据长度进行的临时性转换，而不能改变数据定义时对该变量定义的类型。

数据类型的强制转换如例 2-5 所示。

【例 2-5】 数据类型强制转换示例。示例代码如下：

```
#include <stdio.h>
void main() {
    float f = 5.75;
    printf("(int)f=%d, f=%f\n", (int)f, f);
}
```

程序运行结果：

```
(int)f=5, f=5.750000
```

程序解读：在本例中，f 虽强制转为 int 型，但只在运算中起作用，是临时的， f 本身的类型并不改变，因此，(int)f 的值为 5(删去了小数)，而 f 的值仍为 5.75。

本章小结

本章主要讲解了 C 语言中的数据类型、常量、变量、字符型数据以及数据类型转换，数据是程序运行中必不可少的要素，一个没有任何数据处理的程序也没有什么实际意义；要深刻理解常量与变量的区别及使用；数据类型转换是实际开发中经常会遇到的问题，但要尽量避免各类型间的转换，在定义变量数据类型时，要考虑全面。

本章重点应掌握常量、变量的定义与使用、掌握数据类型转换的基本方法。

习　题

1．编写程序：求圆的面积和周长(圆周率以 3.14 计)，先输出面积，然后输出周长。

2．编写程序：键盘输入 10 个字符，输出字符的 ASCII 码值。

3．编写程序：输入 10 个 10 进制数，分别打印出对应的 16、8 进制的对应数值。

第3章 运 算 符

C 语言中有多种运算符和表达式，这在其他高级语言中是少见的，丰富的运算符和表达式使 C 语言功能十分全面，这也是 C 语言的主要特点之一。

运算符可以构成一个表达式，在表达式中，运算符不仅要遵守运算符优先级别的规定，还受运算符结合性的制约，本章将介绍 C 语言中的运算符和表达式。

3.1 运算符概述

运算符也称操作符，是对数据进行运算的符号，可以通过运算符对数据进行加工处理，C 语言中共有 34 个运算符，大致可以分为算术运算符、关系运算符、逻辑运算符、位运算符、赋值运算符、逗号运算符等。

表达式是由运算符、操作数(变量或常量)、小括号组成的序列，表达式可以嵌套，如："3 * 2 + (5 * sizeof(int)) / 30"。

表达式的运算结果是表达式的返回值，每个表达式都有一个返回值。根据表达式运算符的个数，可以把表达式分为简单表达式和复杂表达式，只含有一个运算符时称为简单表达式，含有一个以上运算符时称为复杂表达式，复杂表达式的求值需遵循运算符的优先级和结合性。

3.2 算术运算符

算术运算符用来进行基本的数学运算，它的最终计算结果是数值，算术运算符和数学中的算术运算有很多相似之处。C 语言中的算术运算符包含 4 个单目运算符和 5 个双目运算符，如表 3-1 所示。

取模运算符%的两侧应均为整型数据，不能应用于 float 或 double 等其他类型。

自增运算符也叫增量运算符，根据符号相对于变量的位置可实现两种操作：前增量操作和后增量操作。前增量操作，如：++x，表示 x 加 1 后再参与其他运算，后增量操作，如：x++，表示 x 参与运算后其值再加 1。

自减运算符也叫减量运算符，根据符号相对于变量的位置可实现两种操作：前减量操作和后减量操作，前减量操作，如：--x，表示 x 减 1 后再参与其他运算，后减量操作，如：x--，表示 x 参与运算后其值再减 1。

表 3-1　基本的算术运算符

符号	说　明	目　数
+	取正	单目
-	取负	单目
*	乘法运算符	双目
/	除法运算符	双目
%	取模运算符	双目
+	加法运算符	双目
–	减法运算符	双目
++	自增运算符	单目
––	自减运算符	单目

自增、自减参与运算的对象只能是变量，如例 3-1 所示。

【例 3-1】 自增、自减运算符的使用。示例代码如下：

```
#include <stdio.h>
#include <stdlib.h>
int main()
{
    int x = 10;
    int b = ++x;                    //运算完后 b=11，x=11
    printf("b=%d,x=%d\n", b, x);
    int b2 = x++;                   //运算完后 b2 = 11，x = 12
    printf("b2=%d,x=%d\n", b2, x);
    int b3 = x--;                   //运算完后 b3=12，x =11
    printf("b3=%d, x=%d\n", b3, x);
    int b4 = --x;                   //运算完后 b4=10，x =10
    printf("b4=%d,x=%d\n", b4, x);
    return 0;
}
```

程序运行结果：

```
b=11, x=11
b2=11, x=12
b3=12, x=11
b4=10, x=10
```

算术表达式是由算术运算符、操作数和小括号构成的表达式，操作数可以是常量、变量、表达式、函数等，如：“Sum=x+y*z-(x*(x+y)-10)”。

当一个算术表达式包含多个运算符时，表达式值的计算遵循运算符的优先级和结合性，如表达式：a -b * c，由于“*”的优先级高于“-”的优先级，所以是先计算 b*c，再计算 a 减 b*c 的结果，相当于 a-(b*c)。如果想改变这种默认的计算顺序，可以通过添加括号来实现，因为括号的优先级高于算术运算符的优先级，如添加括号后表达式变为：(a-b)* c，此时是先计算 a-b 的值，然后再乘以 c。

当算术表达式中包含的运算符优先级相同时，计算的顺序是由左向右，因为算数运算符的结合性是由左向右，如：1+2*3/4，该表达式的计算顺序是先计算乘再计算除，最后再计算加。

C 语言中大多数运算符的结合性都是从左向右，只有单目运算符、三目运算符和双目运算符中的赋值运算符“=”是从右向左。C 语言中运算符的优先级和结合性，见附录 2。

3.3 赋值运算符

赋值运算符可分为简单赋值运算符和复合赋值运算符，简单赋值运算符为“=”，复合赋值运算符是由一个双目运算符和一个简单赋值运算符构成的复合运算符，简单赋值运算符放置在双目运算符的右边，作用是先将复合赋值运算符右边表达式的值与左边的变量进行算术运算，然后再将最终结果赋值给左边的变量，复合赋值运算符本质是一个赋值表达式的简化形式，如：表达式“x+=1”是表达式“x=x+1”的简化形式。常用的复合赋值运算符如表 3-2 所示。

表 3-2 常用的复合赋值运算符

符号	说 明	目 数
+=	加后赋值	双目
-=	减后赋值	双目
*=	乘后赋值	双目
/=	除后赋值	双目
%=	取余后赋值	双目
<<=	左移后赋值	双目
>>=	右移后赋值	双目
&=	按位与后赋值	双目
^=	按位异或后赋值	双目
|=	按位或后赋值	双目

赋值表达式是由一个赋值符将一个变量和一个表达式连接起来构成的表达式，其一般形式为：

```
变量 = 表达式
```

赋值表达式的求值过程是先计算右边表达式的值，然后将值赋值给左边的变量，如表达式：x = a + b，是先计算 a+b 的值，然后将该值赋值给 x。

赋值运算符的优先级较低，只比逗号运算符高一级，结合性是从右向左。

3.4　逗号运算符

逗号运算符表示为“,”其功能是把多个表达式连接起来。

逗号表达式是由逗号运算符和表达式连接起来构成的表达式，其一般形式为：

```
表达式1，表达式2，……，表达式n
```

执行过程是先求解表达式 1 的值，再求解表达式 2 的值，依次求解，最后求解表达式 n 的值，整个表达式的值是最后一个表达式的值，逗号运算符是所有运算符中级别最低的运算符。

如变量 a 的值为 3 时，求表达式“a = 3*5, a*4”的值，对此表达式的求解，可能会有两种不同的理解：一种认为“3*5, a*4”是一个逗号表达式，先求出此逗号表达式的值，如果 a 的原值为 3，则逗号表达式的值为 12，将 12 赋给 a，最后 a 的值为 12。另一种认为：“a=3*5”是一个赋值表达式，“a*4”是另一个表达式，二者用逗号相连，构成一个逗号表达式。但由于“赋值运算符”的优先级别高于逗号运算符，因此应先求解 a=3*5(也就是把“a=3*5”作为一个表达式)，经计算和赋值后得到 a 的值为 15，然后再求解 a*4 的值，从而计算得整个逗号表达式的值为 60。

一个逗号表达式也可以与另一个表达式组成一个新的逗号表达式，如逗号表达式：(a = 3*5, a*4), a + 5，应先计算第一个表达式“a = 3*5, a*4”的值，计算后得出 a 的值为 15，再计算 a*4 得 60，但此时 a 的值并未改变，仍为 15，只是第一个表达式的值为 60，然后再计算 a+5 得 20，即整个表达式的值为 20。

在程序中，并不是任何地方出现的逗号都是逗号运算符，例如函数的参数列表也是用逗号来间隔的，如：printf("%d, %d, %d", a, b, c)，其中的“a, b, c”并不是一个逗号表达式，而是表示 printf 函数的 3 个参数，参数间用逗号间隔，但如果改写为：printf("%d, %d, %d", (a, b, c), b, c)，此时“(a, b, c)”是一个逗号表达式，它的值等于 c 的值，括号内的逗号不是参数间的分隔符而是逗号运算符，括号中的内容是一个整体，整体作为 printf 函数的一个参数。

逗号运算符的优先级在运算符中最低，比赋值运算符都低，如：sum=x, y，表示先计算 sum=x，再计算 y。如例 3-2 所示。

【例 3-2】 逗号运算的结合性。代码如下：

```c
#include <stdio.h>
#include <stdlib.h>
int main()
{
    int i = 24;
    int n = (i++, i++, i++, i++);
```

```
    printf("n=%d", n);
    return 0;
}
```

程序运行结果：

```
n=27
```

3.5 关系运算符

关系运算符也称比较运算符，即比较两个量的大小关系，比较的结果是一个布尔型数据“真”或“假”，“真”用一个非 0 的数表示，“假”用 0 来表示。在 C 语言中，常用的关系运算符如表 3-3 所示。

表 3-3 常用的关系运算符

符号	说　明	目　数
>	大于运算符	双目
>=	大于等于运算符	双目
==	等于运算符	双目
<=	小于等于运算符	双目
<	小于运算符	双目
!=	不等于运算符	双目

运算符是一个整体，它们中间不能有空格，而且顺序不能被颠倒，如错误的写法有=<，=> ，=!，! =。关系运算符可以直接应用于基本数据类型，但是对于浮点型数据来说，只能比较大小，而不能比较是否相等，因为浮点型数据的小数部分多采用近似结果。

关系表达式是由关系运算符和表达式连接起来构成的表达式，其一般形式为：

```
表达式 1  运算符  表达式 2
```

关系表达式的使用，如例 3-3 所示。

【例 3-3】 关系运算表达式的使用示例。示例代码如下：

```
#include <stdio.h>
int main()
{
    float ff = 1.223f;
    int a = 10;
    int b = 10;
    int c = 100;
    printf("(ff==1.223) :%d\n", (ff == 1.223));
```

```
        printf("(a==b) :%d\n", (a == b));
        printf("(a!=b) :%d\n", (a != b));
        printf("(a>c) :%d\n", (a > c));
        printf("(a<c) :%d\n", (a < c));
        printf("(a>=b) :%d\n", (a >= b));
        return 0;
    }
```

程序运行结果：

```
    (ff==1.223) :0
    (a==b) :1
    (a!=b) :0
    (a>c) :0
    (a<c) :1
    (a>=b) :1
```

关系运算符中的“>”、“>=”、“<”、“<=”优先级高于“==”和“!=”，结合性都是从左到右的。

3.6 逻辑运算符

逻辑运算符是用来表示 2 个表达式组合后的逻辑结果或单个表达式的逻辑结果的运算符。C 语言中有 3 个逻辑运算符，其中 2 个(&&、||)是双目逻辑运算符，另一个(!)是单目逻辑运算符，如表 3-4 所示。

表 3-4 逻辑运算符

符号	说明	目数
&&	逻辑与运算	双目
||	逻辑或运算	双目
!	逻辑非运算	单目

逻辑表达式是由逻辑运算符和表达式连接起来构成的表达式，其一般形式为：

```
    表达式1 逻辑运算符 表达式2
```

或

```
    逻辑运算符 表达式
```

逻辑表达式的返回值是逻辑运算的结果，该返回值是一个布尔型数据“真”或“假”，“真”用一个非 0 的数来表示，“假”用 0 来表示，逻辑运算结果的判断规则，如表 3-5 所示。

表 3-5　逻辑运算结果判断规则

x	y	!x	!y	x&&y	x‖y
真	真	假	假	真	真
真	假	假	真	假	真
假	真	真	假	假	真
假	假	真	真	假	假

逻辑运算符由高到低的优先级顺序为：!(非)>&&(与)>‖(或)，逻辑运算符与其他运算符优先级顺序为："&&"和"‖"低于关系运算符，"!"高于算术运算符。例如下面的表达式：

```
a>b && c>d              //等价于    (a>b) && (c>d)
!b == c || d < a        //等价于    ((!b)==c) || (d<a)
a+b >c && x+y<b         //等价于    ((a+b)>c) && ((x+y)<b)
```

当多个表达式用"&&"连接时，若第一个表达式的值为假就会使整个表达式的值结果为假，此时后面的表达式就没有计算的必要了，而直接返回表达式的值为假。同理，当用"‖"连接时，如果第一个表达式的值为真，后面的表达式也不会被计算，而只有在前面的表达式的值为假时，才会去计算后面表达式的值，如例 3-5 所示。

【例 3-5】 多个表达式用"&&"连接示例。示例代码如下：

```
#include <stdio.h>
int main()
{
    int n1 = 10;
    int n2 = 20;
    printf("n1：%d\n", n1);
    printf("n2：%d\n", n2);
    printf("(n1>20) && n2++>10)：%d\n", (n1 > 20) && n2++ > 10);
    printf("n1：%d\n", n1);
    printf("n2：%d\n", n2);
    return 0;
}
```

程序运行结果：

```
n1：10
n2：20
(n1>20) && n2++>10)：0
n1：10
n2：20
```

程序解读：由于表达式"n1>20"的值为假，即使后面的表达式"n2++>10"为真，整个表达式的值也是假，所以后面的表达式就不用再计算了，n2 的值不是 21 而是 20。

3.7 条件运算符

在 C 语言中，有一个特殊的运算符，由 2 个符号构成，连接 3 个表达式，也是 C 语言中的唯一一个 3 目运算符，该运算符等价于 if else 语句，符号为："?:"，该运算符可以连接 3 个表达式。

条件表达式是由条件运算符和表达式连接起来构成的表达式，其一般形式为：

表达式 1？表达式 2：表达式 3

条件表达式的求解过程是先求解表达式 1 的值，如果为非 0(真)则求解表达式 2，此时表达式 2 的值就作为整个条件表达式的值；如果表达式 1 的结果为 0(假)，则计算表达式 3 的值作为整个条件表达式的值，如条件表达式 max = (a>b) ? a : b 的执行结果就是将 a 和 b 二者中较大值的赋给 max。

在条件表达式中，表达式 1 的数据类型可以与表达式 2 和表达式 3 的数据类型不同，如表达式：x? 'a' : 'b'，若 x 的值是一个整型数据类型，且 x 值为真时，表达式的值为'b'。

在条件表达式中，表达式 2 和表达式 3 的类型也可以不同，此时条件表达式值的类型为二者中精度较高的类型，如表达式：x > y ? 1 : 1.5，当 x > y 的值为假时，表达式的值为 1.5，当 x > y 的值为真时，表达式的值为 1.0。

条件运算符的优先级高于赋值运算符，因此，表达式：max = (a > b) ? a : b 的求解过程是先求解条件表达式，再将它的值赋给 max。

由于条件运算符的优先级比关系运算符和算术运算符都低，因此，表达式：max = (a > b) ? a : b 可以去掉括号，而不影响计算结果。如 a>b ? a : b+1 相当于 a>b ? a : (b+1)，而不是(a>b ? a : b)+ 1。

条件运算符的结合性是从右向左的，如表达式 a > b ? a : c > d ? c : d，相当于：a > b ? a : (c > d ? c : d)。

3.8 位运算符

程序中所有的数据在计算机内存中都是以二进制的形式进行储存的，在 C 语言中可以直接操作这种二进制数，用于操作这些二进制数的运算符称为位运算符，C 语言中共有 6 种位运算符，如表 3-6 所示。

表 3-6 位运算符

符号	说 明	目数
&	位与运算	双目
|	位或运算	双目
^	位异或运算	双目
~	位取反运算	单目
<<	位左移运算	双目
>>	位右移运算	双目

参与位运算的数据必须是整型数据或字符型数据，并且在 C 语言中不能直接操作二进制数，当整型数据或字符型数据与位运算组合进行位运算时，系统会将这些数据转换为对应的二进制数进行运算，然后对二进制数按位进行运算，运算后再将结果转为整数或字符。

位与运算中，当参与运算的两个位都是 1 时，结果为 1，否则为 0。

位或运算中，当参与运算的两个位有一个为 1 时，结果为 1，两个位都为 0 时，结果为 0。

位异或运算中，当参与运算的两个位不同时，结果为 1，相同时为 0。

位取反运算中，是将参与运算的每一个位进行取反，1 取反为 0，0 取反为 1。

位左移运算中，是将参与运算的每个二进制位全部左移若干位，高位丢弃，低位补 0。

位右移运算中，是将参与运算的每个二进制位全部右移若干位，低位丢弃，高位补 0。

如整数 4 与整数 7 进行位与运算，表示为 4&7，其运算过程是，首先将两个数都转成二进制，4 转换成二进制为 00000000 00000000 00000000 00000100，7 转换成二进制为 00000000 00000000 00000000 00000111，然后进行位与运算，运算的结果为 00000000 00000000 00000000 00000100，如果将该结果赋值给一个整型变量，则再将其转换为十进制，结果为：4。

本章小结

本章主要介绍了 C 语言中的运算符，运算符主要有算术运算符、关系运算符、逻辑运算符、逗号运算符、条件运算符等，运算符具有优先级和结合性，运算符和表达式可以构成各类运算表达式，如果在表达式中包含了多个运算符，则运算符的优先级和结合性将决定表达式中各运算符的执行顺序，并直接影响表达式的计算结果。

本章重点应掌握各类运算符的作用及优先级，并掌握当表达式中包含多个运算符时，运算符的结合性。

习　题

1．输入 10 个数字字符('0'～'9')，并将其转化成对应的整数并打印。

2．定义 6 个整型变量 m, n, a, b, c, d 初值都为 0，运行表达式：(m=a==b)||(n=c==d)后，m 和 n 的值分别为什么？

3．有如下变量定义：

```
int x=43, y=0;
char ch='A';
```

求(x>y&&ch<'B'&&!y)的值。

4．int a=1, b=2, c=3, d=4, m=2, n=2; 求(m=a>b)&&(n=c>d)后 n 的值。

5．写出以下程序的输出结果。

```
#include<stdio.h>
int main()
{
    int a,b,d=241;
    a=d/100%9;
    b=(-1)&&(-1);
    printf("%d,%d",a,b);
    return 0;
}
```

6．int a=10, b=20, c=30;　求 a>b&&c>a||ab 的值。

7．int a=6, b=4, c=2;　求 !(a-b)+c-1&&b+c/2 的值。

8．写出以下程序的输出结果。

```
#include<stdio.h>
int main()
{
    int x=1, y=2, z=3;
    x=y--<=x||x+y!=z;
    printf("%d, %d", x, y);
    return 0;
}
```

第4章 语　　句

语句是构成程序的基本成分，程序是一系列语句的集合，一条语句是一条完整的计算机指令，语句间可以有前后逻辑关系，不同的语句组合顺序可以实现不同的程序功能。本章将介绍 C 语言中的五类语句：表达式语句、函数调用语句、空语句、复合语句、流程控制语句。

4.1　表达式语句

表达式语句由表达式加分号“;”构成，其一般形式为：

```
表达式;
```

执行表达式语句就是计算表达式的值，例如：

```
y+z;     //加法运算语句，但计算结果不能保留，无实际意义
i++;     //自增 1 语句，i 值增 1
```

赋值语句是为变量赋一个值，它的结构是一个变量名，后面紧跟着一个赋值运算符，赋值运算符后跟着一个表达式，表达式后跟着一个分号，如：x=y+z;。

在 C 语言中，任何后面加有一个分号的表达式都可以看作是一个语句，如“8;”、“3+4;”都是合法的语句，但是这些语句在程序中没有任何意义，因为它的计算结果没有被使用。

4.2　函数调用语句

函数调用语句的一般形式为：

```
函数名(实参表);
```

执行函数调用语句就是调用函数体并把实参赋予函数定义中的形参，然后执行被调函数体中的语句，例如：

```
printf("Welcome to Sunland!");     //调用库函数，输出字符串
```

4.3 空 语 句

程序中最简单的语句就是空语句，用一个单独的分号表示：

```
;
```

空语句是什么也不执行的语句，在程序中空语句可用来创建一个空循环体， 例如：

```
while(getchar()!='\n');
```

该语句的功能是，只要从键盘输入的字符不是回车符则重新输入，这里的循环体为空语句。

注意：单独使用空语句对程序没有意义。

4.4 复合语句

复合语句也称代码块，是由一个或多个括在花括号内的语句(这些语句本身也可能是复合语句)构成，一般形式为：

```
{
    语句 1;
    语句 2;
    ……
}
```

在程序中应把复合语句看成是单条语句，而不是多条语句，例如：

```
{
    nTemp = nNum1;
    nNum1 = nNum2;
    nNum2 = nTemp;
    printf("nNum1 = %d, nNum2 = %d",  nNum1， nNum2);
}
```

注意：复合语句内的各条语句都必须以分号“;”结尾，在括号“}”外不能加分号。

4.5 控制语句

控制语句用于控制程序的执行流程，由特定的语句定义符组成，C 语言中有 9 种流程控制语句，可分为以下 3 类：

(1) 分支语句：包含 if 语句、switch 语句。

(2) 循环语句：do while 语句、while 语句、for 语句。

(3) 跳转语句：break 语句、continue 语句、return 语句、goto 语句。

4.5.1 分支语句

分支语句也称条件语句，分支语句根据给定的条件选择一个程序分支去执行。在现实生活中需要进行判断和选择的情况很多，如：从宿舍出发到教室，到岔路口，有两个方向可供选择，一个是去实验室的方向，另一个是去教室的方向，这时需要判断，根据目的地，从二者中选其一。这就是选择结构要解决的问题，C 语言中有两种分支语句，一种是 if 语句，另一种是 switch 语句，if 语句一般用来实现两个分支的选择，switch 语句一般用来实现多个分支的选择。

1. if 语句

if 语句一般用来实现两个分支的选择，包括：if、if-else、if-else-if、if-if-else 四种结构。

1) if 结构

if 结构的一般形式为：

```
if(表达式)
{
   语句块
}
```

执行流程如图 4-1 所示。

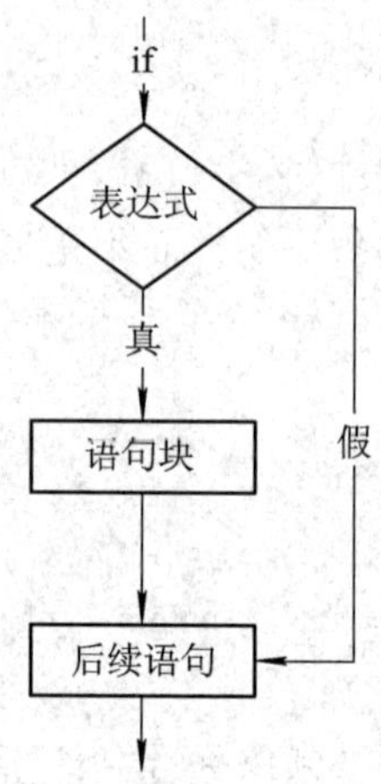

图 4-1　if 结构语句执行流程图

在 if 结构中，程序根据表达式的值判断是否执行花括号中的语句块，如果表达式的值为“真”，则执行语句块，执行语句块后，跳出 if 语句继续执行后续语句。如果表达式的值为“假”，则跳过该 if 结构继续执行后续语句，如例 4-1 所示。

【例 4-1】 if 结构语句示例。示例代码如下：

```
#include <stdio.h>
#pragma warning(disable:4996);
int main()
```

```
{
    int nResult = 0;
    printf("\n请输入一个整数:    ");
    scanf("%d", &nResult);
    if (nResult > 0 && nResult <= 100)
    {
        printf("整数在0到100之间.\n");
        return 0;
    }
    printf("错误：超出范围.\n");
    return 0;
}
```

程序运行结果：

```
请输入一个整数:    90
整数在 0 到 100 之间.
```

程序解读：输入一个整数赋值给 nResult，如果 nResult 的值是 0 到 100 之间的数，则输出“整数在 0 到 100 之间.”，否则输出“错误：超出范围”。

2) if-else 结构

if-else 结构的一般形式为：

```
if(表达式)
{
    语句块1
}
else
{
    语句块2
}
```

执行流程如图 4-2 所示。

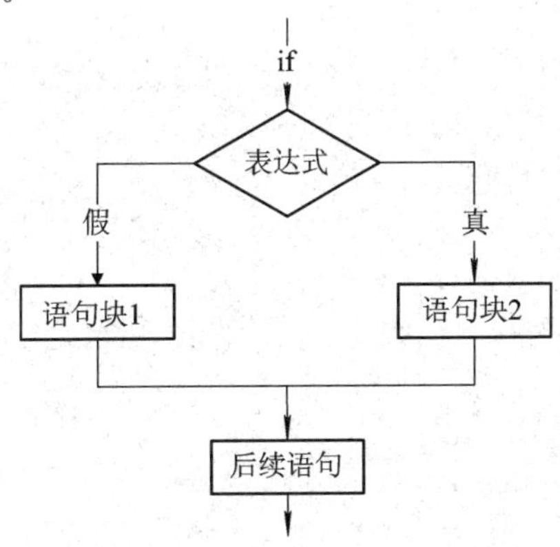

图 4-2　if-else 结构语句执行流程图

在 if-else 结构中，程序根据表达式的值判断是执行花括号中的语句块 1 还是语句块 2，如果表达式的值为“真”，则执行语句块 2，如果为“假”，则执行语句块 1。执行语句块 1、语句块 2 后，均可跳出 if 语句，继续执行后续语句，如例 4-2 所示。

【例 4-2】 if-else 结构语句示例。示例代码如下：

```
#include <stdio.h>
#pragma warning(disable:4996);
int main()
{
    int nNum1, nNum2;
    printf("\n请输入两个整数");
    scanf("%d   %d", &nNum1, &nNum2);
    if (nNum1 > nNum2)
    {
            printf("最大值=%d\n", nNum1);
    }
    else
    {
            printf("最大值=%d\n", nNum2);
    }
    return 0;
}
```

程序运行结果：

```
请输入两个整数 33,6
最大值=33
```

程序解读：输入两个整数分别赋值给 nNum1 和 nNum2，如果 nNum1 大，则输出 nNum1 的值，否则输出 nNum2 的值。

3) if-else-if 结构

if-else-if 结构的一般形式为：

```
if (表达式 1)
{
  语句块 1
}
else if (表达式 2)
{
  语句块 2
}
......
```

```
else if (表达式 n)
{
  语句块 n
}
else
{
  语句块 m
}
```

执行流程如图 4-3 所示。

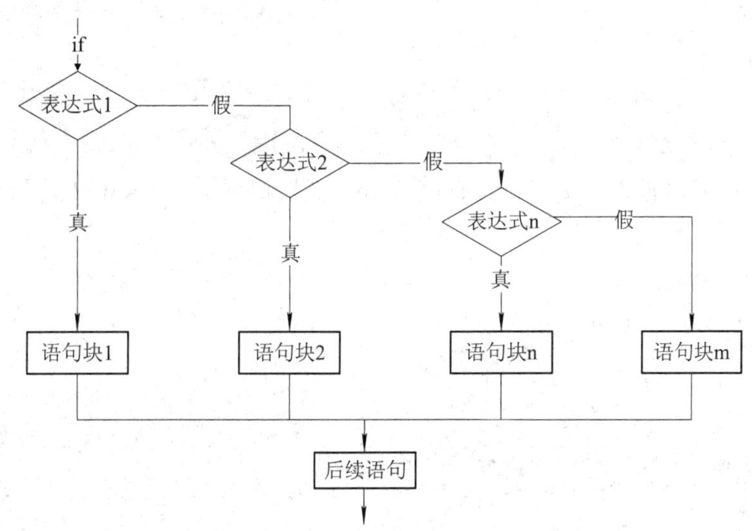

图 4-3　if-else-if 结构语句执行流程图

在 if-else-if 结构中，首先判断表达式 1 的值，如果为真，则执行语句块 1，如果为假，则继续判断表达式 2 的值，如果表达式 2 的值为真，则执行语句块 2，如果为假，继续判断表达式的值，如果表达式 n 的值为真，则执行语句块 n，如果所有表达式的值均为假，则执行表达式 m。执行语句块 1、语句块 2、语句块 n 后，均可跳出 if 语句，继续执行后续语句，如例 4-3 所示。

【例 4-3】 if-else-if 结构语句示例。示例代码如下：

```
#include <stdio.h>
int main()
{
    char ch;
    printf("\n请输入一个字符:      ");
    ch = getchar();
    if (ch < 32)
            printf("控制字符\n");
```

```
    else if (ch >= '0' && ch <= '9')
        printf("字符是数字\n");
    else if (ch >= 'A' && ch <= 'Z')
        printf("字符是大写字母\n");
    else if (ch >= 'a' && ch <= 'z')
        printf("字符是小写字母\n");
    else
        printf("其他字符\n");
    return 0;
}
```

程序运行结果：

```
请输入一个字符：  A
字符是大写字母
```

程序解读：键盘输入一个字符，赋值给 ch，然后根据 ch 的 ASCII 码判别输入字符的类型。

4) if-if-else 结构

if-if-else 结构的一般形式为：

```
if(表达式 1)
{
    if(表达式 2)
    {
        语句块 1
    }
    else
    {
        语句块 2
    }
}
else
{
    语句块 n
}
```

执行流程如图 4-4 所示。

在 if-if-else 结构中，首先判断表达式 1 的值，如果为真，则继续判断表达式 2 的值，如果为假，则执行语句块 n，当表达式 2 的值为真时，执行语句块 1，如果为假，则执行语句块 2。执行语句块 1、语句块 2、语句块 n 后，均可跳出 if 语句，继续执行后续语句，如例 4-4 所示。

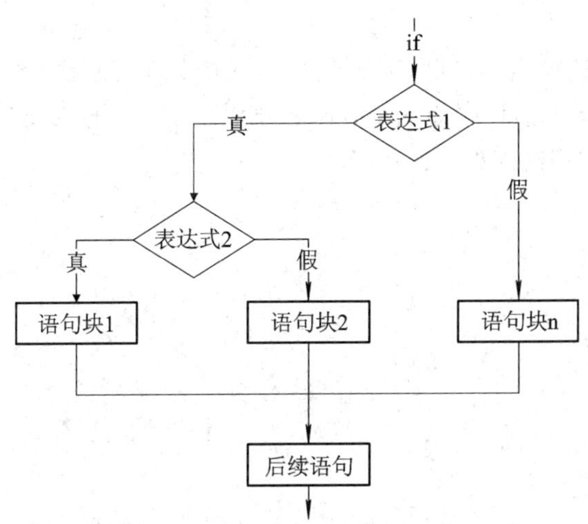

图 4-4　if-if-else 结构语句执行流程图

【例 4-4】 if-if-else 结构语句示例。示例代码如下：

```
#include <stdio.h>
#pragma warning(disable:4996);
int main()
{
    int nNum;
    printf("\n请输入一个正确的整数:        ");
    scanf("%d", &nNum);
    if (nNum > 6)
    {
            if (nNum < 12)
                    printf("你已经非常接近了!\n");
            else
                    printf("这轮你已经输了!\n");
    }
    return 0;
}
```

程序运行结果：

```
请输入一个正确的整数: 11
你已经非常接近了!
```

程序解读：键盘输入一个整数，赋值给 nNum，当 nNum 小于等于 6 时，没有内容输出，当 nNum 大于等于 12 时，输出“这轮你已经输了”，当 nNum 大于 6 小于 12 时，输出“你已经非常接近了!”。

2．switch 语句

switch 是多分支选择语句，而 if 语句只有两个分支可供选择，虽然可以用嵌套的 if 语句来实现多分支选择，但程序会变得复杂且难以理解，一般多分支选择问题，推荐使用 switch 语句，switch 语句格式如下：

```
switch(表达式)
{
  case  值 1:
        语句块 1
        break;
  case  值 2:
        语句块 2
        break;
  case  值 n:
        语句块 n
        break;
  default:
        语句块 m
}
```

在 switch 语句中，首先计算表达式的值，并将该值分别与值 1、值 2、值 n 进行匹配，判断是否相等，如果相等，则执行对应分支的语句块，执行完对应分支语句块后通过 break 语句跳出 switch 语句，break 语句可选，如果没有 break 语句，则程序会继续向下执行，执行后续的分支的语句块，直到遇到 break 语句或 switch 语句结束；如果表达式的值都没有匹配成功，则执行语句块 m，default 语句可选，如果没有 default 语句，则当表达式的值都没有匹配成功后，不做任何操作，直接跳出 switch 语句。表达式值的类型可以为整型、字符型、枚举型，如例 4-5 所示。

【例 4-5】 switch 语句示例。示例代码如下：

```
#include <stdio.h>
int main()
{
    int nNumber;
    printf("\n 请输入一个整数(1~7):        ");
    scanf("%d", &nNumber);
    switch (nNumber)
    {
            case 1:
                    printf("Monday\n");
                    break;
            case 2:
```

```
                    printf("Tuesday\n");
                    break;
            case 3:
                    printf("Wednesday\n");
                    break;
            case 4:
                    printf("Thursday\n");
                    break;
            case 5:
                    printf("Friday\n");
                    break;
            case 6:
                    printf("Saturday\n");
                    break;
            case 7:
                    printf("Sunday\n");
                    break;
            default:
                    printf("错误\n");
        }
        return 0;
    }
```

程序运行结果：

```
请输入一个整数(1~7): 2
Tuesday
```

程序解读：键盘输入一个整数，赋值给 nNumber，然后判断 nNumber 的值，并与英文星期对应，打印输出整数对应的英文星期，如果输入的是一个 1～7 的正整数，可以正常判断，如果输入的不是一个 1～7 的正整数，则执行 default 分支，打印输出“错误”。

在使用 switch 语句时应注意以下 3 点：

(1) 在 case 分支语句块中，如果有多条语句，应当使用{}括起来。

(2) 各 case 和 default 子句的先后顺序可以变动，而不会影响程序执行结果。

(3) switch 后面括号中的表达式只能是整型、字符型或枚举型，不能使用浮点型作为判断条件。

4.5.2 循环语句

循环语句是程序设计中一种很重要的语句，它的特点是：在给定的条件成立时，反复执行某个语句块，直到条件不成立时终止，这里的条件称为循环条件，反复执行的语句块称为循环体。C 语言中包括三种循环语句： while 语句、do-while 语句、for 语句。

1. while 语句

while 语句的一般形式为：

```
while(循环条件)
{
  循环体
}
```

执行流程如图 4-5 所示。

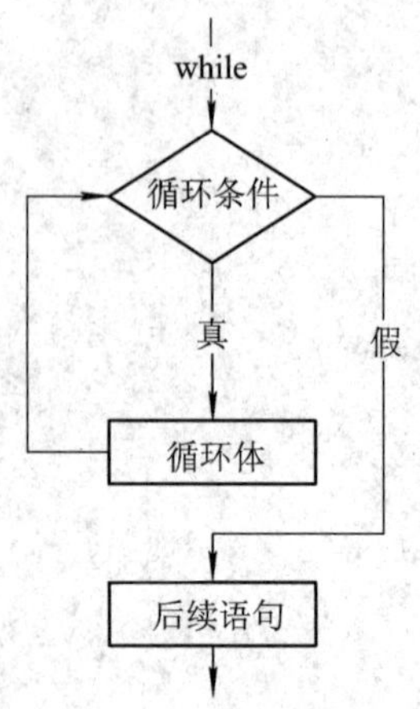

图 4-5 while 语句执行流程图

while 语句，首先判断循环条件值是否为真，如果为真，则执行循环体，然后再次判断循环条件值，一直反复判断循环条件值并反复执行循环体，直到循环条件值为假时跳出 while 循环语句，继续执行后续语句，如例 4-6 所示。

【例 4-6】 while 循环语句示例。示例代码如下：

```
#include <stdio.h>
int main()
{
    int nSum = 0;
    int nValue = 1;
    while (nValue <= 100)
    {
            nSum += nValue;
            nValue++;
    }
    printf("和 = %d \n", nSum);
    return 0;
}
```

程序运行结果：

```
和 =5050
```

程序解读：该例使用 while 语句实现了从 1 一直加到 100 的加法运算，最终输出累加的和。nSum 用于存储求和的结果；“nValue<= 100”为循环条件，nValue 的初始值为 1；nSum += nValue; 和 nValue++; 语句组成了循环体。首次执行循环时 nValue 的值为 1，循环条件值为真，可以执行一次循环体，在循环体中通过“nValue++;”语句改变 nValue 的值，使其自增 1，并在循环体中通过“nSum += nValue;”语句计算当前累加结果，然后继续判断循环条件并执行循环体，直到 nValue 的值大于 100 时，循环条件值为假，此时跳出循环，打印输出 nSum 的值。

while 循环中，循环体的执行依赖于循环条件，循环条件的值要不断地发生变化，需要在循环体中不断地修改循环条件中的参数，使循环条件值趋于不成立(为假)，如果循环条件的值始终为真，这种循环称为“死循环”，如例 4-7 所示。

【例 4-7】 死循环示例。示例代码如下：

```
#include <stdio.h>
int main()
{
    int nIndex = 1;
    while (nIndex < 10)
    {
            printf("我在循环中。\n");
    }
}
```

程序解读：该例中 nIndex 的值始终为 1，导致 nIndex < 10 的值始终为真，循环没有跳出的条件，该循环一直执行。该例运行后会反复打印输出“我在循环中”，不会停止。

2．do-while 语句

do-while 语句的一般形式为：

```
do
{
  循环体
}while(循环条件);
```

执行流程如图 4-6 所示。

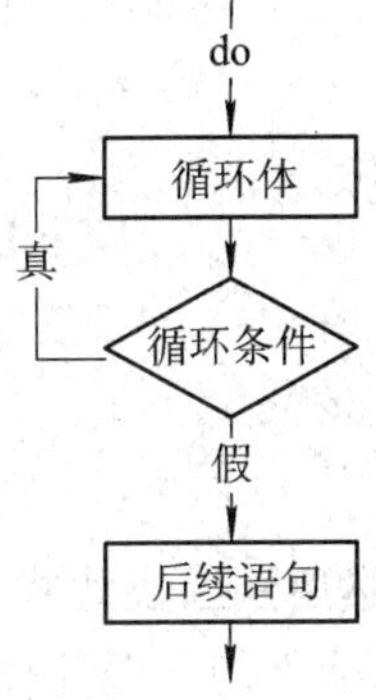

图 4-6　do-while 语句执行流程图

do-while 语句，首先执行一次循环体，然后再判断循环条件值，如果循环条件值为真，则再执行循环体，直到循环条件值为假时，跳出循环，继续执行后续语句。do-while 循环语句中循环体至少被执行一次，如例 4-8 所示。

【例 4-8】 do-while 循环语句示例。示例代码如下：

```
#include <stdio.h>
int main()
{
    int nSum = 0;
    int nValue = 1;
    do
    {
        nSum += nValue;
        nValue++;
    } while (nValue <= 100);
    printf("和 = %d \n", nSum);
    return 0;
}
```

程序运行结果：

```
和 = 5050
```

程序解读：该例使用 do-while 语句实现了从 1 一直加到 100 的加法运算，最终输出累加的和。nSum 用于存储求和的结果；“nValue<= 100”为循环条件，nValue 的初始值为 1；nSum += nValue;和 nValue++;语句组成了循环体，进入循环语句后首先执行一次循环体，在循环体中通过“nSum += nValue;”语句计算当前累加结果，通过“nValue++;”语句改变 nValue 的值，使其自增 1，然后判断循环条件值，如果为真，则继续执行循环体，直到循环条件值为假时，跳出循环，打印输出 nSum 的值。

3. for 语句

for 语句是循环语句中最灵活、使用最广泛的循环语句，完全可以取代 while 语句。for 语句不仅可以用于循环次数已经确定的情况，而且也可用于循环次数不确定而只给出循环结束条件的情况，for 语句通过三个表达式控制循环条件。

for 语句的一般形式为：

```
for(表达式 1; 表达式 2; 表达式 3)
{
    循环体
}
```

执行流程如图 4-7 所示。

for 语句，首先执行表达式 1，然后判断表达式 2 的值，如果为真，则执行循环体，如果为假，则跳出循环，继续执行后续语句，循环体执行结束后，执行表达式 3，然后再判断表达式 2 的值，直到表达式 2 的值为假时，跳出循环，如例 4-9 所示。

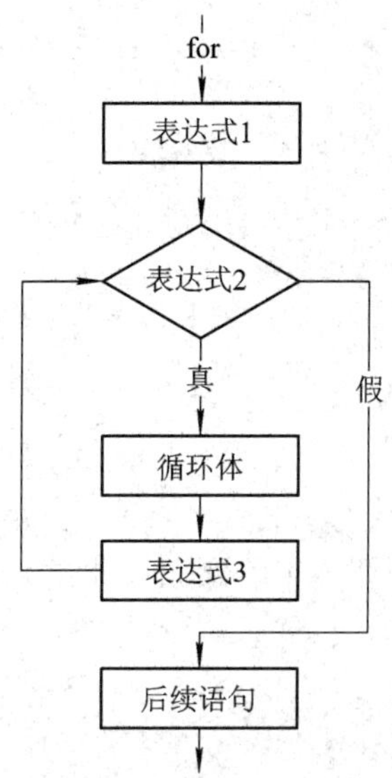

图 4-7　for 语句执行流程图

【例 4-9】 do-while 循环语句示例。示例代码如下：

```
#include <stdio.h>
int main()
{
    int nSum = 0;
    int i;
    for (i = 1; i <= 100; i++)
    {
        nSum += i;
    }
    printf("和 = %d \n", nSum);
    return 0;
}
```

程序运行结果：

```
和 = 5050
```

程序解读：该例使用 for 循环语句实现了从 1 一直加到 100 的加法运算，最终输出累加的和，nSum 用于存储求和的结果；表达式“i=1”的作用是初始化 i 的值，i 称为循环变量，表达式“i <= 100”表示循环条件，i++ 的作用是改变循环变量 i 的值。

for 语句中的表达式 1 只有第一次进入 for 循环时执行，只执行一次，三个表达式均可省略，但必须保留两个分号，如省略表达式 1，这时可以将循环变量的初始化放到循环体外，如下所示：

```
#include <stdio.h>
int main()
{
```

```
    int nSum = 0;
    int i=1;
    for ( ; i <= 100; i++)
    {
        nSum += i;
    }
    printf("和 = %d \n", nSum);
    return 0;
}
```

如省略表达式 3，这时可在循环体中改变循环变量 i 的值，如下所示：

```
#include <stdio.h>
int main()
{
    int nSum = 0;
    int i=1;
    for (; i <= 100;)
    {
        nSum += i;
        i++;
    }
    printf("和 = %d \n", nSum);
    return 0;
}
```

如省略表达式 2，这时可在循环体中判断循环条件，通过 break 语句跳出循环，如下所示：

```
#include <stdio.h>
int main()
{
    int nSum = 0;
    int i=1;
    for (; ;)
    {
        nSum += i;
        i++;
        if (i > 100) break;
    }
    printf("和 = %d \n", nSum);
    return 0;
}
```

4.5.3 跳转语句

程序中的语句在没有受到其他控制语句控制时，默认是顺序执行的，前面所讲的分支语句、循环语句都可以打破这种顺序执行机制，通过控制语句的执行顺序，可以实现程序预期要实现的功能。在 C 语言中还有一类控制语句专门用于程序的跳转，这类语句称为跳转语句，包括：break 语句、continue 语句、return 语句和 goto 语句。

1. break 语句

break 语句可用于跳出循环结构和 switch 语句结构，除此之外不能用于其他的任何语句中。在循环语句中 break 语句可以跳出当前循环结构，在 switch 语句中 break 语句可以跳出 switch 语句结构，如例 4-10 所示。

【例 4-10】 break 语句用在 for 循环中示例。示例代码如下：

```
#include <stdio.h>
int main()
{
    int nSum = 0;
    int nValue = 1;
    for (nValue = 1; nValue < 100; nValue++)
    {
        if (nValue == 71)
            break;
        nSum += nValue;
    }
    printf("nValue : %d\n", nValue);
    return 0;
}
```

程序运行结果：

```
nValue : 71
```

程序解读：该例实现了从 1 一直加到 70，当循环执行到 value 值等于 71 时退出循环，并且将结果输出。循环终止条件是 nValue 的值大于等于 100，但在每一次循环过程中通过 if 语句判断 nValue 的值，当 nValue 的值等于 71 时，执行 break 语句跳出当前循环，也就终止了循环的继续执行。

2. continue 语句

continue 语句是用来提前结束本次循环的语句，即跳过本次循环体里没执行的语句，转到循环体结束点前，进入下次循环，如例 4-11 所示。

【例 4-11】 continue 语句的使用示例。示例代码如下：

```
#include <stdio.h>
int main()
```

```
{
    int i;
    for (i = 0; i < 50; i++)
    {
        if (i % 3 != 0)
            continue;
        printf("%d ", i);
    }
    printf("\n");
    return 0;
}
```

程序运行结果：

```
0 3 6 9 12 15 18 21 24 27 30 33 36 39 42 45 48
```

程序解读：该例运用 for 循环语句输出 1 到 50 之间所有能被 3 整除的数。通过 if 语句判断 i 的值，当它不能被 3 整除时，则跳过后面的输出语句，继续执行 for 循环，当它能被 3 整除时，输出其值。

3．return 语句

return 语句有两种用法，一种是用于返回函数调用的返回值，实现了被调函数到主调函数的跳转；另一种是用于终止后续语句的执行。用于返回函数调用的返回值时，可以返回一个变量值也可以是一个地址，用于终止后续语句的执行时，可以在 return 语句后跟一个表达式，也可以是一个独立的 return 语句，如例 4-12 所示。

【例 4-12】 return 语句的使用示例。示例代码如下：

```
#include <stdio.h>
void main()
{
    int a = 10, b = 20, c = 30;
    if (b > a&& c > b)
    {
        return printf("b 的值大于 a 的值");
        return printf("c 的值大于 b 的值");
    }
}
```

程序运行结果：

```
b 的值大于 a 的值
```

程序解读：该例定义了 3 个整型变量，用一个 if 语句判断 a 与 b 的大小和 c 与 b 的大小，由于表达式“b > a&& c > b”的值为真，所以程序进入语句块，但语句块中的第二条语句并未执行，原因是第一条语句终止了后续语句的执行，提前结束了程序。

4. goto 语句

goto 语句可以实现程序语句间的无条件跳转，并忽略程序的逻辑结构，通常 goto 语句与 if 语句结合使用，当满足一定条件时，程序跳转到指定标签处，接着向下执行，定义标签的格式如下：

```
标签: 语句;
```

标签可以是任意一个合法的标识符，标签后的冒号不能省略。

goto 语句调用标签实现程序跳转的一般格式为：

```
goto 标签;
```

标签可以是一个空标签，即标签后没有跟语句，当 goto 语句跳转到一个空标签时，表示跳转到一条空语句。goto 语句的使用如例 4-13 所示。

【例 4-13】 goto 语句的使用示例。示例代码如下：

```
#include <stdio.h>
void main()
{
    printf("北京尚学堂科技有限公司\n");
    goto a01;
    printf("BJSXT\n");
a01:
    printf("百战程序员\n");
    printf("C语言程序设计\n");
}
```

程序运行结果：

```
北京尚学堂科技有限公司
百战程序员
C 语言程序设计
```

程序解读：该例中运用了 4 条输出语句，在第 5 行加入了 goto 语句，goto 语句跳转的目标行是第 7 行，程序执行到第 5 行后直接跳转到第 7 行，然后继续向下执行，可以看到第 6 行由于程序的跳转，没有被执行。

本 章 小 结

本章主要讲解了 C 语言中的 5 类语句，语句是构成程序的基本成分，熟练掌握这 5 类语句的使用，是学习 C 语言的基本要求。其中控制语句可以用来控制程序的执行流程，通过控制程序的执行流程，可以实现程序的预期功能，这类语句是学习的重点也是难点。

本章重点应掌握各类控制语句的适用场景，并掌握各类控制语句的执行流程。

习　题

1．分别使用 if 语句和 if-else 语句求两个数中的最大值。

2．输入 1 个年份判断该年份是否是闰年。

3．编写程序输一个日期，判断并输出该日期所属的星座，下表是星座对照表：

01 月 21 日—02 月 19 日：水瓶座
02 月 20 日—03 月 20 日：双鱼座
03 月 21 日—04 月 20 日：白羊座
04 月 21 日—05 月 21 日：金牛座
05 月 22 日—06 月 21 日：双子座
06 月 22 日—07 月 23 日：巨蟹座
07 月 24 日—08 月 23 日：狮子座
08 月 24 日—09 月 23 日：处女座
09 月 24 日—10 月 23 日：天秤座
10 月 24 日—11 月 22 日：天蝎座
11 月 23 日—12 月 22 日：射手座
12 月 23 日—01 月 22 日：摩羯座

4。编写程序实现该分段函数，并根据输入的 x 的值计算 y 的值并输出。

$$y=\begin{cases}3 & x<5\\ 4x+3 & x\geqslant 5\\ 2x-10 & x\leqslant 0\end{cases}$$

第5章 数 组

在程序设计中，为了方便数据处理，把具有相同类型的若干数据对象按有序的形式组织起来，这些按序排列的同类数据对象的集合称为数组。在C语言中，数组属于构造数据类型，一个数组可以分解为多个数组元素，这些数组元素可以是基本数据类型或是构造类型。按数组元素的类型，数组又可分为数值数组、字符数组、指针数组、结构数组等各种类型。

5.1 一 维 数 组

一维数组也称向量，用以组织具有一维顺序关系的相同类型数据，一维数组元素只有 1 个下标，是相对简单的数组，使用前，必须先声明，编译器根据声明语句为其分配内存空间。

5.1.1 一维数组的定义

定义一维数组的一般形式：

```
数据类型 数组名[常量表达式];
```

数据类型：表示数组中所有元素的类型，可以是任意一种基本类型、构造类型或指针。

数组名：表示数组的名称，其命名规则与变量名一致。

[]：表示数组的标志，是数组的重要组成部分。

常量表达式：表示数组元素的个数，即数组的长度。

例如：

```
int a[6];
```

其中，int 表示数组元素的类型，a 表示数组名称，6 表示数组元素的个数。

数组的下标是数组元素至数组开始位置的偏移量个数，第一个元素的偏移量个数是 0，因此数组的第一个元素表示为 a[0]，第二个元素的偏移量个数是 1。注意：a[6]不属于数组的空间范围，数组 a 的元素在内存中的排列，如图 5-1 所示。

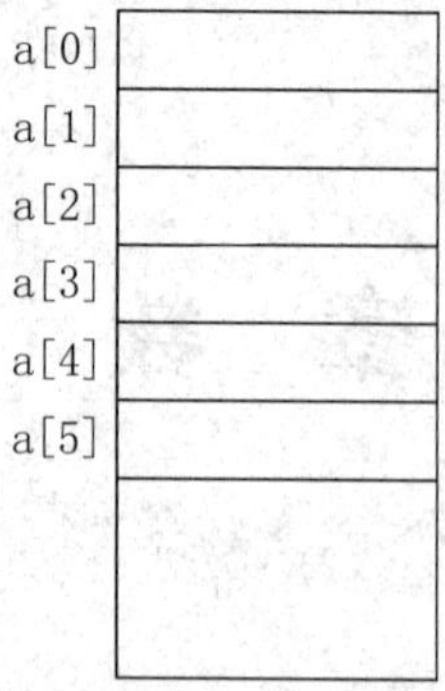

图 5-1　数组 a 在内存中的排列

常量表达式必须为常量或符号常量，不能为变量，这个值必须是在编译时是已知的，所以它不能是一个变量，因为变量的值只能在运行时获得，因此，使用变量定义数组是非法的，例如：

```
int size =10;
int arr_Array[size];                //错误，不能使用变量定义数组长度
const int length = 10;
int arr_Array[length];              //正确，因为"length"是一个常量
```

5.1.2　一维数组的初始化

数组初始化赋值是指在数组定义时给数组元素赋初值，数组初始化在编译阶段进行，一维数组的初始化有以下几种方式：

(1) 在定义数组时直接对数组元素赋初值。

在定义数组时，可以为数组元素提供一组用逗号分隔的初始值，这些初始值用花括号括起来。例如：

```
int arr_Array[4] = {1, 2, 3, 4};
```

(2) 可以只给部分元素赋初值。

当{}中值的个数少于元素个数时，只给前面部分元素赋值。例如：

```
int arr_Array[6] = {1, 2, 3};
```

表示只给 arr_Array[0]、arr_Array[1]、arr_Array[2]3 个元素赋值，而后面 3 个元素自动赋 0 值。

对全部数组元素赋初始值时，可以不指定数组长度。例如：

```
int arr_Array[4] = {1, 2, 3, 4};
```

可替换为：

```
int arr_Array[] = {1, 2, 3, 4};
```

一维数组的初始化，如例 5-1 所示。

【例 5-1】 一维数组的初始化示例。示例代码如下：

```
#include <stdio.h>
int main()
{
    int arr_Array[4] = { 1, 2, 4 };
    int i;
    for (i = 0; i < 4; i++)
            printf("%d ", arr_Array[i]);
    printf("\n");
    return 0;
}
```

程序运行结果：

```
1 2 4 0
```

一维数组初始化注意事项：

(1) 在数组初始化时，可以省略方括号中的数组大小，数组的大小会根据初始化元素的个数决定，如果采用省略数组大小的定义方式，则必须在定义数组时对数组进行初始化，例如：

```
int arr_Array1[] = {1, 2, 3, 4};        //正确   这时数组的大小为 4
int arr_Array2[];                       //错误   缺少数组大小定义
```

(2) 如用“{}”的方式赋值时，必须是在定义时赋值，否则无效，编译时会报错，例如：

```
int arr_Array[4];
arr_Array [4] = {1, 2, 3, 4};           //错误
```

5.1.3　一维数组的数组元素赋值

给数组赋值时，通常采用一个单层循环语句进行赋值，用一个循环变量遍历数组下标，并逐个赋值，如例 5-2 所示。

【例 5-2】 一维数组元素赋值示例。示例代码如下：

```
#include <stdio.h>
int main()
{
    int arr_Array[4];
    arr_Array[0] = 10;
    arr_Array[2] = 30;
    for (int i = 0; i < 4; i++)
            printf("array[%d] :%d \n", i, arr_Array[i]);
    return 0;
}
```

程序运行结果：

```
array[0]: 10
array[1]: -858993460
array[2]: 30
array[3]: -858993460
```

程序解读：array[1]和 array[3]获取的值为随机值。

注意：不允许数组之间直接赋值或复制，例如：

```
int arr_Array[4] = {1, 2, 3, 4};
int arr_Array1[4];
arr_Array1 = arr_Array;            //编译时报错，数组间不能直接赋值
```

数组间赋值，也是逐个赋值，通常使用循环语句逐个取出源数组元素的值，然后逐个赋值给被赋值数组，如例 5-3 所示。

【例 5-3】 数组间赋值示例。示例代码如下：

```
#include <stdio.h>
int main()
{
    int arr_Array[4] = { 13, 2, 3, 4 };
    int arr_Array1[4];
    for (int i = 0; i < 4; i++)
    {
        arr_Array1[i] = arr_Array[i];
        printf("arr_Array1[%d] :%d\n", i, arr_Array1[i]);
    }
    return 0;
}
```

程序运行结果：

```
arr_Array1[0] :13
arr_Array1[1] :2
arr_Array1[2] :3
arr_Array1[3] :4
```

5.1.4 一维数组的数组元素访问

访问数组中的特定元素通过数组下标来实现，在 C 语言中，所有的数组都是由连续的存储单元组成的，起始地址对应数组的第一个元素，下标是距数组开始处的偏移量的个数，长度为 n 的数组，下标范围是 0～(n−1)。对数组元素的访问就是访问数组元素的值，一般配合循环语句，如例 5-4 所示。

【例 5-4】 用循环语句访问数组元素示例。示例代码如下：

```
#include <stdio.h>
#define MAX_SIZE 10
int main()
{
    int arr_Array[MAX_SIZE];
    for (int i = 0; i < MAX_SIZE; i++)
    {
        arr_Array[i] = i * i;
    }
    for (int j = 0; j < MAX_SIZE; j++)
    {
        printf("%d ", arr_Array[j]);
    }
    printf("\n");
    return 0;
}
```

程序运行结果：

```
0 1 4 9 16 25 36 49 64 81
```

访问数组元素时可能会出现地址越界问题，所以要保证下标值在指定的范围之内，由于编译器不检查地址越界错误，因此应尽可能在编写程序时避免访问时的地址越界，如例 5-5 所示。

【例 5-5】 访问数组元素，发生地址越界示例。示例代码如下：

```
#include <stdio.h>
int main()
{
    int arr_Array[4] = { 1, 2, 3, 4 };
    for (int i = 0; i < 10; i++)
    {
        printf("%d \n", arr_Array[i]);
    }
    return 0;
}
```

程序运行结果：

```
1
2
3
4
-858993460
```

```
3996532
1777843
1
8636936
8642832
```

程序解读：在本例中 arr_Array 数组只包含了 4 个元素，但 for 循环中循环了 10 次，当循环到第 5 次时，数组下标为 4，但 arr_Array 数组中没有下标为 4 的元素，这时会输出一个随机数，以此类推，后续循环取得的值都不是数组中的元素值，而是一个随机数，这个随机数没有任何意义。

5.1.5　一维数组的应用

数组排序是一个重要的数组应用，排序算法的优劣对系统的性能起着重要的影响，冒泡排序算法是一种常用而又基础的排序算法，冒泡排序算法的原理是依次比较序列中相邻两个数的大小，如果第一个比第二个大，那么就交换两个数的位置，最终序列的最后一个数就是该序列中的最大数，如例 5-6 所示。

【例 5-6】 冒泡排序算法示例。示例代码如下：

```
#include <stdio.h>
#define LENGTH 10
int main()
{
    int arr_Array[LENGTH] = { 12, 232, 11, 23, 3, 54, 67, 89, 9, 2 };
    printf("===== Original array =====\n");
    for (int i = 0; i < LENGTH; i++)
            printf("%d ", arr_Array[i]);
    printf("\n======= Start sort =======\n");
    for (int i = 1; i < LENGTH; i++)
    {
            for (int j = 0; j < LENGTH -i; j++)
            {
                    if (arr_Array[j] > arr_Array[j + 1])
                    {
                            int temp = arr_Array[j];
                            arr_Array[j] = arr_Array[j + 1];
                            arr_Array[j + 1] = temp;
                    }
            }
            for (int k = 0; k < LENGTH; k++)
                    printf("%d ", arr_Array[k]);
```

```
            printf("\n");
        }
        printf("\n========= result =========\n");
        for (int i = 0; i < LENGTH; i++)
            printf("%d ", arr_Array[i]);
        printf("\n");
        return 0;
}
```

程序运行结果：

```
===== Original array =====
12 232 11 23 3 54 67 89 9 2
======= Start sort =======
12 11 23 3 54 67 89 9 2 232
11 12 3 23 54 67 9 2 89 232
11 3 12 23 54 9 2 67 89 232
3 11 12 23 9 2 54 67 89 232
3 11 12 9 2 23 54 67 89 232
3 11 9 2 12 23 54 67 89 232
3 9 2 11 12 23 54 67 89 232
3 2 9 11 12 23 54 67 89 232
2 3 9 11 12 23 54 67 89 232
========= result =========
2 3 9 11 12 23 54 67 89 232
```

5.2　字 符 数 组

字符串是程序设计中常用的一种数据结构，由若干个字符构成，但在 C 语言的基本数据类型中，没有字符串数据类型，这时可以用一个字符数组来表示一个字符串，例如用一个一维数组存放字符串“bjsxt”，代码如下：

```
char a[5] = {'b', 'j', 's', 'x', 't'};
```

在实际应用中也可以采用以下三种方式定义一个字符数组：

第一种：

```
char a[] = "bjsxt";
```

或：

```
char a[] ={"bjsxt"};
```

用这种方法定义时，系统会自动在字符串的末尾加上字符串结束符，即‘\0’。

第二种：

```
char a[10] = {'b', 'j', 's', 'x', 't', '\0'};
```

用这种方法定义时，系统会自动从未初始化的元素开始，将之后的元素赋为'\0'，这时数组 a 中的元素实际上是：'b', 'j', 's', 'x', 't', '\0', '\0', '\0', '\0', '\0'。

第三种：

```
char a[] = {'b', 'j', 's', 'x', 't'};
```

用这种方法定义时，系统不会自动在字符串的末尾加上字符串结束符，此时用 sizeof()函数可以正确求出其所占的内存大小，但使用 strlen()函数不能正确求出其长度，因为 strlen 是通过'\0'来判断字符串的结束，所以，采用该方法定义时，一般需加上'\0'，如例 5-7 所示。

【例 5-7】 字符数组应用示例。示例代码如下：

```
#include <stdio.h>
int main()
{
    char a[] = "beijing sxt\0";
    printf("该字符串为：%s\n", a);
    printf("该字符串的长度是：%d\n", strlen(a));
}
```

程序运行结果：

```
该字符串为：beijing sxt
该字符串的长度是：11
```

常量字符串赋值给字符数组时，常量字符串在赋值符的右边，是一个右值，会自动转化为地址，如下例的程序是错误的：

```
char a[];
a="beijing sxt";
```

a 是数组名称，也是一个地址常量，不能将一个常量赋值给另一个常量。

5.3 二维数组

一维数组只有一个下标，这就限制了一维数组解决问题的范围，如果要解决与矩阵相关的问题，虽然有时用一维数组也可以实现，但是却很繁琐，而且易出错。例如：有 3 个小队，每队有 5 名队员，要把这些队员的工资用数组保存起来以备查看，这就需要用到二维数组，第一维用来表示第几队，第二维用来表示第几个队员。

5.3.1 二维数组的定义

二维数组通常是用来表示按行和列格式存储的数据。

二维数组定义的一般形式为：

```
数据类型　数组名 [常量表达式 1 ] [常量表达式 2];
```

要访问数组中的一个元素，需要指定两个下标，第一个下标表示该数据所在的行，第二个下标表示所在的列，例如：

```
int arr[3][4];
```

数组 arr 表示了一个三行四列的二维数组，其数组元素的类型为整型，该数组共有 12 个元素，如图 5-2 所示。

arr[0][0]	arr[0][1]	arr[0][2]	arr[0][3]
arr[1][0]	arr[1][1]	arr[1][2]	arr[1][3]
arr[2][0]	arr[2][1]	arr[2][2]	arr[2][3]

图 5-2　arr[3][4] 数组示意

而在计算机内存中，并不是以如图 5-2 方式进行存储的，而是以如图 5-3 所示的线性存储方式进行存储。

每个二维数组，都可以看成是多个一维数组的嵌套，图 5-3 所示的二维数组，可以用以下方式进行理解，如图 5-4 所示。

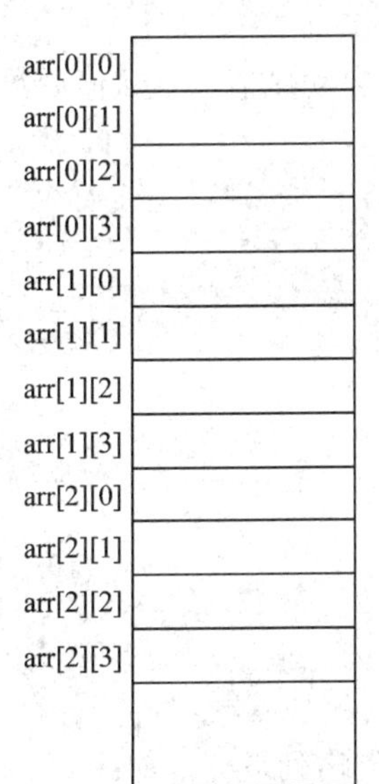

图 5-3　arr[3][4] 在内存中的存储方式

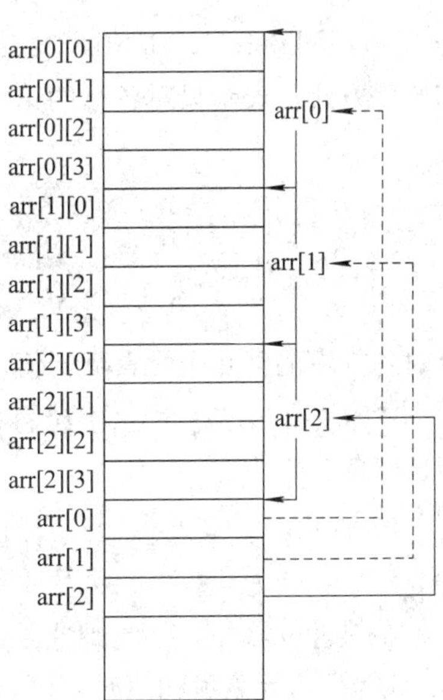

图 5-4　二维数组的理解

二维数组中，每个一维数组又包含一个一维数组构成了二维数组。如下所示：

```
arr[0]  →  arr [0][0] arr [0][1] arr [0][2] arr [0][3]
arr[1]  →  arr [1][0] arr [1][1] arr [1][2] arr [1][3]
arr[2]  →  arr [2][0] arr [2][1] arr [2][2] arr [2][3]
```

二堆数组在概念上是二维的，其下标在两个方向上发生变化，下标变量在数组中的位置也处于一个平面中，而不是像一维数组只是个向量。但是，实际的硬件存储器却是连续编址的，也就是说存储器单元是按一维线性排列的。在一维存储器中存放二维数组，有两种方式，一种是按行排列，即放完一行之后顺次放入第二行；另一种是按列排列，即放完一列之后再顺次放入第二列。在 C 语言中，二维数组是按行排列的，即先存放 arr[0]行，再存放 arr[1]行，最后存放 arr[2]行，每行中的四个元素也是依次存放。

5.3.2 二维数组的初始化

二维数组的初始化，有以下四种方式：

(1) 分行给二维数组赋初始值，如：

```
int arr[3][4]={{1, 2, 3, 4}, {5, 6, 7, 8}, {9, 10, 11, 12}};
```

这种初始化方式比较直观，即把第一个花括号内的数据赋值给第一行的元素，把第二个花括号内的数据赋给第二行的元素等。

(2) 可以将所有数据写在一个大括号内，按照数组元素的排列顺序对元素赋值，如：

```
int arr[2][2]={1, 2, 3, 4};
```

使用这种初始化方式，如果花括号内的数据个数少于数组元素的个数，系统会将后面没被赋值的元素赋值为 0。

(3) 可以给部分元素赋初值，如：

```
int arr[3][4]={{1}, {5}, {9}};
```

这种初始化方式，表示只对各行的第一列赋初值，其余元素值自动赋值 0，赋值后数组各元素为：

```
1   0   0   0
5   0   0   0
9   0   0   0
```

也可以对各行中的某几个元素赋初值，如：

```
int arr[3][4]={{1}, {5, 6}, {0, 0, 11}};
```

赋值后数组各元素为：

```
1   0   0    0
5   6   0    0
0   0   11   0
```

(4) 在为所有元素赋初值时，可以省略行下标，但是不能省略列下标，如：

```
int arr[ ][4]={1, 2, 3, 4, 5, 6, 7, 8, 9, 10, 11, 12};
```

系统会根据数据的个数进行分配，该例一共有 12 个数据，而数组每行分为 4 列，自然可以确定数组为 3 行。

5.3.3 二维数组元素的赋值

二维数组的赋值，通常可以采用双层嵌套循环来实现，赋值过程是通过双层循环遍历数组下标，逐个赋值，如例 5-8 所示。

【例 5-8】 运用嵌套循环语句对二维数组进行赋值示例。示例代码如下：

```
#include <stdio.h>
int main()
{
    int arr_Array[4][3] = { {1}, {4}, {7}, {10} };
    for (int i = 0; i < 4; i++)
    {
            for (int j = 0; j < 3; j++)
                    printf("%d\t", arr_Array[i][j]);
            printf("\n");
    }
    return 0;
}
```

程序运行结果：

```
1       0       0
4       0       0
7       0       0
10      0       0
```

5.3.4　二维数组的数组元素访问

二维数组元素访问的一般格式：

```
数组名[下标表达式 1][下标表达式 2];
```

二维数组中的下标表达式可以是整型常量、整型变量或表达式，对基本数据类型的变量所能进行的各种操作，也都适合于同类型的二维数组元素。通过“&”运算符可得到二维数组元素的地址，如“array[2][1]”元素的地址可表示为“& array[2][1]”。

访问二维数组一般配合循环语句，如例 5-9 所示。

【例 5-9】 二维数组的数组元素访问示例。示例代码如下：

```
#include <stdio.h>
int main()
{
    int a[2][3] = { {1, 2, 3}, {4, 5, 6} };
    int b[3][2];
    printf("array a：  \n");
    for (int i = 0; i < 2; i++)
    {
            for (int j = 0; j < 3; j++)
            {
                    printf("%5d", a[i][j]);
```

```
                b[j][i] = a[i][j];
            }
            printf("\n");
        }
        printf("array b：  \n");
        for (int i = 0; i < 3; i++)
        {
            for (int j = 0; j < 2; j++)
                printf("%5d", b[i][j]);
            printf("\n");
        }
        return 0;
    }
```

程序运行结果：

```
array a：
    1    2    3
    4    5    6
array b：
    1    4
    2    5
    3    6
```

5.3.5 二维数组的应用

由于二维数组的应用主要是对矩阵的操作，因此这里以矩阵加法来说明它的具体应用。矩阵加法就是将大小相同的两个矩阵，把相同位置上的值进行相加并生成一个新的矩阵，如例 5-10 所示。

【例 5-10】 矩阵加法示例。示例代码如下：

```
#include <stdio.h>
#define ROW 3
#define COLUMN 4
int main()
{
    int arr_ArrayA[ROW][COLUMN] = { {1, 2, 3, 4}, {5, 6, 7, 8}, {9, 10, 11, 12} };
    int arr_ArrayB[ROW][COLUMN] = { {11, 22, 33, 44}, {55, 66, 77, 88}, {99, 100, 110, 120} };
    int arr_ArrayC[ROW][COLUMN] = { {0}, {0}, {0} };
    printf("\n==== array arr_ArrayA ====\n");
    for (int i = 0; i < ROW; i++)
    {
```

```
            for (int j = 0; j < COLUMN; j++)
                printf("%d ", arr_ArrayA[i][j]);
            printf("\n");
        }
        printf("\n==== array arr_ArrayB ====\n");
        for (int i = 0; i < ROW; i++)
        {
            for (int j = 0; j < COLUMN; j++)
                printf("%d ", arr_ArrayB[i][j]);
            printf("\n");
        }
        printf("\n==== add ... ====\n");
        for (int i = 0; i < ROW; i++)
            for (int j = 0; j < COLUMN; j++)
                arr_ArrayC[i][j] = arr_ArrayA[i][j] + arr_ArrayB[i][j];
        printf("\n==== array arr_ArrayC ====\n");
        for (int i = 0; i < ROW; i++)
        {
            for (int j = 0; j < COLUMN; j++)
                printf("%d ", arr_ArrayC[i][j]);
            printf("\n");
        }
        return 0;
    }
```

程序运行结果为：

```
==== array arr_ArrayA ====
1 2 3 4
5 6 7 8
9 10 11 12
==== array arr_ArrayB ====
11 22 33 44
55 66 77 88
99 100 110 120
==== add ... ====
==== array arr_ArrayC ====
12 24 36 48
60 72 84 96
108 110 121 132
```

程序解读：该例中定义了两个 3 行 4 列的二维数组表示两个矩阵，并进行了初始化，然后通过一个嵌套循环语句实现了两个矩阵的相加，这里的相加是把两个数组相同位置上的数进行相加。

5.4 多维数组

数组可以是三维甚至是更高维数，虽然 C 语言对数组维数没有上限，但是在处理高维数组时，程序设计相对复杂，一般尽量避免处理四维和四维以上的数组。多维数组的逻辑结构是多维的，但它的存储结构和 2 维数组一样也是线性的。

多维数组定义的一般形式为：

```
数据类型 数组名[下标表达式 1][下标表达式 2]…[下标表达式 n];
```

例如：

```
int a[2][3][4];
int b[5][6][7][8];
```

分别定义了一个三维数组 a 和四维数组 b。

多维数组的初始化、数组元素赋值可以参考二维数组，读者可以自学这部分内容。

本章小结

本章主要讲解了 C 语言中数组的定义与使用，在 C 语言中数组作为一种构造数据类型，在实际应用开发中使用较多。本章主要对一维数组、二维数组的定义以及使用做了详细的阐述，学习数组的关键在于掌握数组的特性以及其在内存中的存储方式，多维数组与二维数组的原理基本相同，但在实际应用中很少使用。

本章重点应掌握一维数组、二维数组的定义与使用，掌握数组在内存中的存储方式。

习 题

1．将 0～9，10 个数字，运用循环语句存储到一个一维数组中，然后运用循环语句输出每一个元素。

2．将一个数组中的值按照逆序重新存放，例如原来的 8, 5, 4, 3, 2，要求改为 2, 3, 4, 5, 8，并将数组中的元素输出。

3．定义一个有 10 个整型元素的数组，并输入 10 个数，把这 10 个元素按照奇数在前偶数在后的顺序重新排列，并且奇偶两部分有序(大小顺序)。

4．定义一个整型数组，统计数组中每个元素对应的值出现的次数，例如 int arr[6]={2, 3, 2, 3, 5, 6}，打印结果如下：2 出现了 2 次，3 出现了 2 次，5 出现了 1 次，6 出现了 1 次。

第6章 函 数

在程序设计过程中，经常会用一部分代码去完成特定的任务，并且这些代码在程序中可能会多次使用，这时可以把这部分代码提炼出来，利用特殊的语法把它编制成一个独立的程序块，这种独立的程序块称为函数。函数是一种组织代码的方式，通过函数将代码划分为更小的单位，更容易管理，当需要使用该函数时，调用这个函数就可以，修改的时候，只需要修改这个函数，所有调用这个函数的地方都不需要变动。

6.1 函数概述

“函数”是从英文 function 翻译而来的，function 在英文中既有“函数”的意义，又有“功能“的意义。从本质意义上来说，函数就是用来完成一定功能的代码块，函数名就是该代码块的名字，如果该代码块是用来实现数学运算的，那么就是数学函数。

在 C 语言中可以从不同的角度去对函数进行分类。

(1) 从函数定义的角度分类，函数可以分为库函数和自定义函数两种。库函数是由 C 语言标准化组织定义的，能完成大部分的系统功能，如 printf 函数。调用库函数时需要包含相应的头文件，在头文件中定义了库函数的原型。自定义函数，是根据需要而写的函数，对于自定义函数，不仅要在程序中定义函数本身，而且要在调用前，对函数进行原型声明。

(2) 从函数的返回结果角度分类，函数可以分为有返回值函数和无返回值函数两种。有返回值函数被调用执行完后将向调用者返回一个执行结果，这个结果为函数返回值，有返回值的函数，必须在函数定义和函数原型声明时明确返回值的类型；无返回值函数，用于完成某项特定的处理任务，执行完成后不向调用者返回值，定义此类函数时可指定它的返回类型为“空类型”，空类型的说明符为“void”。

(3) 从函数间的数据通信角度分类，函数可分为无参函数和有参函数两种。无参函数，在函数定义、函数原型声明及函数调用中均不带参数，主调函数和被调函数之间不进行参数传送，此类函数通常用来完成一组指定的功能，可以返回值也可以不返回值；有参函数，在函数定义、函数原型声明时都有参数，在函数调用时也必须给出参数，在函数调用过程中，主调函数把参数传给被调函数，供被调函数使用。

6.2 函数的作用

函数是 C 语言实现模块化编程的主要手段，C 语言程序鼓励和提倡把一个大问题分成一个个子问题，程序一般是由大量的小函数而不是由少量大函数构成的，即所谓“小函数构成大程序”，这样的好处是让各部分相互充分独立，并且任务单一。

C 语言中有一个特定的函数是 main()函数，该函数也称主函数。每个 C 语言程序的入口和出口都位于 main()函数中。main()函数可以调用其他函数，其他函数也可以互调。函数执行完毕后程序的控制又返回到 main()函数。main()函数不能被别的函数所调用。

一般可以把系统函数或者别人写好的函数当做“黑箱”处理，只需要利用函数实现的功能，将数据传递进去就能得到结果，并不关心函数内部的实现细节。

一个程序的优劣集中体现在函数上，如果函数使用得恰当，程序看起来就会有条理、容易理解；如果没有恰当使用函数，程序就会显得很乱，不仅别人无法理解，就连自己也不便查看。

6.3 函数定义和使用

C 语言中规定，函数在使用前必须先进行定义，如果事先不定义，编译系统会显示异常。

6.3.1 函数的定义

在编写程序时可以直接调用 C 语言的库函数，例如 printf 输出函数，而自定义函数，则必须由开发者对其进行定义，在函数定义中完成函数的功能，这样才能被其他函数所调用。

从代码结构上来看，函数由函数头和函数体两部分构成，函数头中包含函数名、函数类型说明符和形参列表，函数体中包含函数的具体功能语句和返回值。

函数定义的一般形式为：

```
类型说明符 函数名(形参列表)
{
    语句序列
}
```

其中类型说明符表示函数返回值的数据类型；函数名是开发者给该函数起的名字，该名字是任意一个合法、不重复的标识符；形参列表是主调函数与被调函数之间通信的接口，通常将函数所需要的数据通过形参列表传递进去，形参列表中的参数可以是 1 个或多个，也可以为空，形参列表的格式为：

```
类型说明 1 形参 1，类型说明 2 形参 2，…，类型说明 n 形参 n
```

形参列表为空时，也可以用(void)表示，如 main(void)。

当函数有返回值时，需使用 return 跳转语句，return 语句的一般形式为：

```
return 表达式;
```

或者为：

```
return (表达式);
```

该语句的功能是计算表达式的值，并返回给主调函数，如：

```
return a;
return (a+b);
return (a>b?a:b);
```

在函数中允许有多个 return 语句，但只能有一个 return 语句被执行，return 后的语句将被跳过。对无返回值的函数，不需要写 return 语句，如果函数不是 void 类型，则必须使用 return 语句返回一个值，例如：

```
void    helloSXT()      //无形参，函数无返回值
{
      printf("Hello, SXT !\n");
}
int max(int a, int b)    //有两个整型形参 a，b，且函数返回值为整型
{
      if (a>b) return a;
      else return b;
}
```

6.3.2 函数的原型声明与调用

调用函数之前先要进行函数的原型声明，即向编译系统声明将要调用此函数，并将被调用函数的有关信息通知编译系统，函数原型声明只需要函数的函数头部分，如下所示：

```
类型说明符 函数名(形参列表);
```

如果是在所有函数之前进行了函数原型声明，那么该函数在当前源文件中的任何地方都可调用；如果是在某个主调函数内部进行了函数原型声明，那么该函数就只能在这个函数内部调用。

进行函数原型声明后，便可以按如下方式调用函数：

```
函数名(实参列表)
```

其中，实参列表是主调函数向被调函数传递参数的接口，实参列表中应给出与函数原型声明中形参个数相同、类型相符的参数，调用无参函数时，括号不得省略。

函数调用也可以出现在表达式中，这时函数就必须有返回值，如 sum=add(x, y)+100。

C 语言中的库函数，在程序的任何地方均可被调用，调用时不需要做原型声明，但必须把包含该函数的头文件用 include 预处理命令包含在源文件的头部。如使用数学函数应添加 #include<math.h>，使用字符串函数应添加 #include<string.h>等。

函数的原型声明与调用，如例 6-1 所示。

【例 6-1】 输入两个数，定义一个函数求它们的和。代码如下：

```
#include <stdio.h>
#pragma warning(disable:4996);
int main()
{
    int   add(int a, int b);                    //对 add 函数的声明
    int x, y, sum;
    printf("请输入 x 和 y：");                   //提示输入
    scanf("%d %d", &x, &y);                     //获取两个实数
    sum = add(x, y);                            //调用 add 函数
    printf("求和结果为:%d", sum);                //输出两数之和
    return 0;
}
int   add(int a, int b) {                       //定义 add 函数
    int c = a + b;
    return (c);                                 //把变量 c 的值作为函数值返回
}
```

程序运行结果：

```
请输入 x 和 y：10, 20
求和结果为:30
```

注意：函数的“定义”和“原型声明”不是一回事，“定义”是指对函数功能的确立，包括指定函数名、函数类型、形参、函数体等，它是一个完整的、独立的程序单元。而“原型声明”则只是把函数名、函数类型、形参通知给编译系统，以便在调用该函数时系统按此进行对照检查，与函数原型不匹配的函数调用会导致编译错误。

如果被调函数的定义出现在主调函数之前，可以不对函数进行原型声明，如例 6-2 所示。

【例 6-2】 编写一个求 x 的 n 次方的函数。代码如下：

```
#include <stdio.h>
void hello()                        //无类型、无形参函数的定义，在调用函数main之前
{
    printf("hello \n");
}
double power(double x, int n)
{
    //类型double并有形参函数的定义，在调用函数main之前
    double val = 1.0;
    while (n--)
            val *= x;
    return(val);
```

```
}
void main(void)
{
    double p;
    p = power(5, 3);
    hello();
    printf("%f", p);
}
```

程序运行结果：

```
hello
125.000000
```

6.3.3　函数的调用过程

一个 C 语言程序经过编译后生成 exe 可执行文件，存放在外存储器中，当程序被启动时，首先从外存储器中将程序代码装载到内存的代码区，然后从入口地址(main()函数的起始处)开始执行。程序在执行过程中，如果调用了其他函数，则暂停当前函数的执行，保存下一条指令的地址(即返回地址，作为从被调函数返回后继续执行的入口点)，并保存现场，然后转到被调函数的入口地址，执行被调函数。当遇到 return 语句或者被调函数结束时，则恢复先前保存的现场，并从先前保存的返回地址开始继续执行。图 6-1 说明了函数调用和返回的过程，图中标号表示执行顺序。

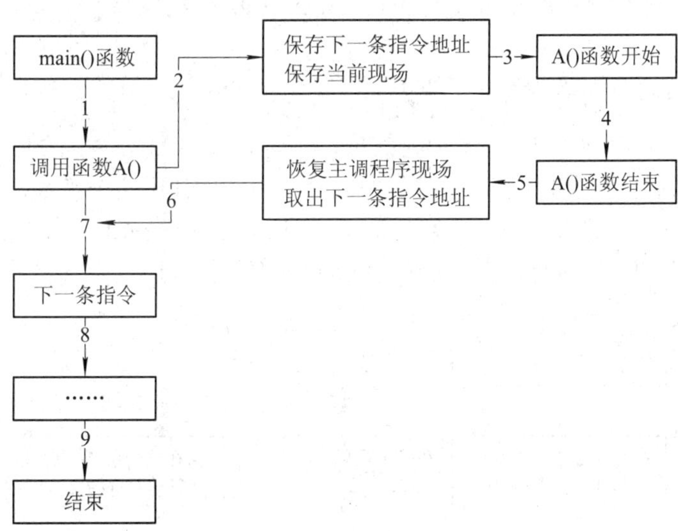

图 6-1　函数调用的执行过程

6.3.4　函数的嵌套调用

函数允许嵌套调用，如果函数 1 调用了函数 2，函数 2 又调用了函数 3，这样便形成了函数的嵌套调用，如例 6-3 所示。

【例 6-3】 输入两个整数，求它们的平方和。代码如下：

```
#include <stdio.h>
#pragma warning(disable:4996);
void main(void)
{
    int a, b;
    int fun1(int x, int y);
    printf("请输入 a 和 b 的值:\n");
    scanf("%d %d", &a, &b);
    printf("a,b 的平方和为：%d\n", fun1(a, b));
}
int fun1(int x, int y)
{
    int fun2(int m);
    return(fun2(x) + fun2(y));
}
int fun2(int m)
{
    return(m * m);
}
```

程序运行结果：

```
请输入 a 和 b 的值:10   20
a, b 的平方和为: 500
```

本例虽然问题简单，但为了说明函数的嵌套调用，设计了两个函数，一个是求和函数 fun1，另一个是求一个整数平方的函数 fun2，由主函数调用 fun1，fun1 又调用了 fun2。图 6-2 说明了函数的调用过程，图中标号表示执行顺序。

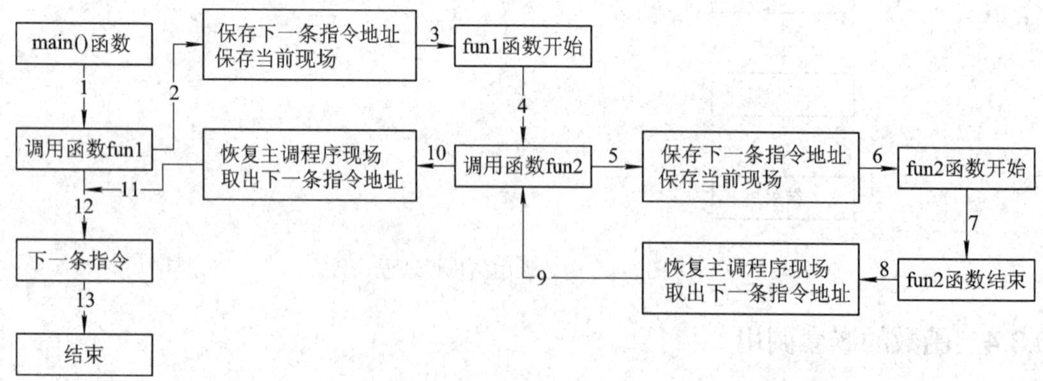

图 6-2　函数的嵌套调用执行过程

6.4　函数的参数传递

在调用函数时，主调函数和被调用函数之间可以传递参数，函数参数的作用就是将主调函数中的数据传递给被调函数使用，被调函数利用接收的数据实现函数功能。

6.4.1　形式参数和实际参数

函数的参数分为形式参数和实际参数两种。形式参数一般简称形参，实际参数一般简称实参。形参出现在函数定义中，并在整个函数内部有效，当该函数结束后不能再使用。实参出现在主调函数中，进入被调函数后，实参不能使用，发生函数调用时，主调函数把实参传送给被调函数的形参，从而实现主调函数和被调函数间的数据传递。

形参只有在被调用时才分配内存单元，在调用结束时，即刻释放所分配的内存单元，因此，形参只有在函数内部有效，函数调用结束返回主调函数后则不能再使用该形参。实参可以是常量、变量、表达式、函数等，无论实参是何种类型的数据，在进行函数调用时，它们都必须具有确定的值，以便把这些值传送给形参。实参和形参在数量上、类型上、顺序上应保持一致，否则会发生类型不匹配的错误。函数调用过程中发生的数据传送是单向的，即只能把实参的值传送给形参，而不能把形参的值反向地传送给实参。

6.4.2　参数传递的两种方式

实参向形参传递数据有两种方式，一种是值传递，另一种是地址传递。本质上讲，值传递和地址传递这两种方式传递的都是值，只是值传递的是一个普通的变量值，而地址传递的是一个变量的地址，地址也是一个常量。

(1) 值传递。值传递是将实参里的值传递给形参。

例如：实参 int x=10，形参 int y，x 按值传递的方式将值传递给形参 y，参数传递的过程如图 6-3 所示。

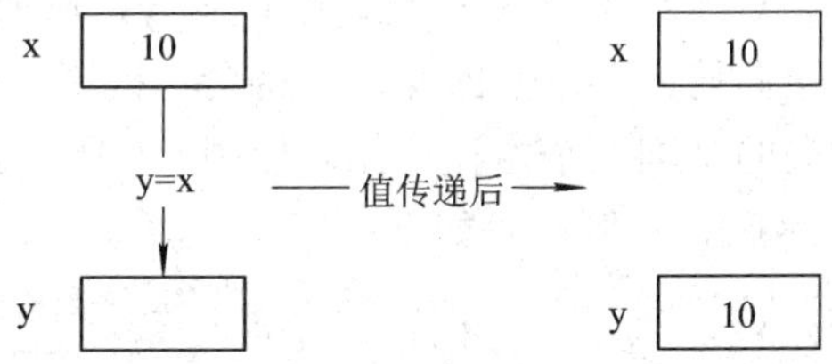

图 6-3　值传递示意图

从图 6-3 中可以看出 x 按值传递将 10 传递给 y，传递后 x 与 y 没有任何关系，这时改变 y 的值，不会影响 x 的值，同理，这时改变 x 的值也不会影响 y 的值，如例 6-4 所示。

【例 6-4】 值传递示例。示例代码如下：

```
#include <stdio.h>
void swap(int a, int b)
```

```
{
    int temp = a;
    a = b;
    b = temp;
}
int main()
{
    int x = 10;
    int y = 20;
    swap(x, y);
    printf("x=%d, y=%d\n", x, y);
    return 0;
}
```

程序运行结果：

```
x=10, y=20
```

(2) 按地址传递。按地址传递是将变量的地址由实参传递给形参。

例如：实参 int x=10，形参 int *y，这里形参 y 是一个指针型变量，只能被赋值一个地址，参数传递过程如图 6-4 所示。

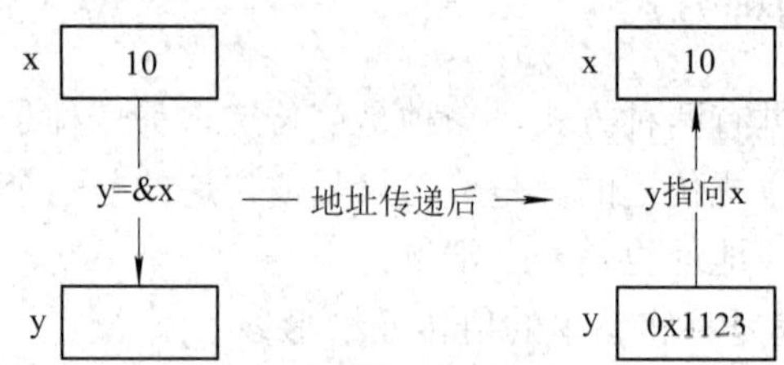

图 6-4　地址传递示意图

从图 6-4 中可以看出，y=&x 是将 x 的地址赋值给 y，赋值后 y 里存放的是 x 的地址，对 y 里存放的地址所指向的内存单元的操作，将会直接影响 x 的值，实际上按址传递后，对应的实参和形参指向的是同一个内存单元，如例 6-5 所示。

【例 6-5】 地址传递示例。示例代码如下：

```
#include <stdio.h>
void swap(int* a, int* b)
{
    int temp = *a;
    *a = *b;
    *b = temp;
}
int main()
```

```
    {
        int x = 10;
        int y = 20;
        swap(&x, &y);
        printf("x=%d, y=%d\n", x, y);
        return 0;
    }
```

程序运行结果：

```
x=20, y=10
```

6.5　数组作为函数参数

数组元素可以用作函数的实参，但不能用作形参，因为形参是在函数被调用时才临时分配存储单元，不可能为一个数组元素单独分配存储单元。

数组作为函数实参有两种方式，一种是数组元素作为实参，另一种是数组名作为实参。

6.5.1　数组元素作为参数

数组元素作为实参向形参赋值时，需要通过数组下标获取数组元素的值，获取后传递给被调函数，如例 6-6 所示。

【例 6-6】 输入 10 个数，输出其中的最大值。代码如下：

```
#include <stdio.h>
#pragma warning(disable:4996);
#define SIZE 10
int max(int x, int y) {
    return (x > y ? x : y);
}
int main()
{
    int max(int x, int y);
    int arr[SIZE], m;
    printf("请输入10个数:");
    for (int i = 0; i < 10; i++) {
            scanf("%d", &arr[i]);
    }
    printf("\n");
    m = arr[0];
```

```
        for (int j = 0; j < 10; j++) {
                m = max(m, arr[j]);
        }
        printf("最大数是: %d\n ", m);
        return 0;
    }
```

程序运行结果：

```
请输入 10 个数: 2 3 5 6 8 11 55 77 1 0
最大数是: 77
```

6.5.2 数组名作为参数

数组名作为实参向形参赋值时，数组名作为右值，可以自动转化为该数组中第一个元素的地址，而当形参获取该值后，根据数组元素的偏移量就可以获取数组的每一个元素，也就相当于传递了整个数组，此时形参和实参共同拥有一段内存空间，如对形参进行改变会直接影响实参，如例 6-7 所示。

【例 6-7】 求一维数组元素的平均值。代码如下：

```
#include <stdio.h>
#pragma warning(disable:4996);
#define SIZE 5
float   average(int   a[SIZE])
{
    float sum = 0;
    for (int i = 0; i < SIZE; i++)
            sum = sum + a[i];
    return(sum / SIZE);
}
int main()
{
    int s[SIZE];
    printf("请输入5个整数：\n");
    for (int i = 0; i < SIZE; i++)
            scanf("%d", &s[i]);
    float aver = average(s);
    printf("平均值aver=%f\n", aver);
    return 0;
}
```

程序运行结果：

```
请输入 5 个整数:
23 5 12 88 9 45
平均值 aver=27.400000
```

6.6　函数的递归

函数直接或间接地调用本身，称为递归调用，一般形式如下：

```
void fun1(void)
{
  fun1(); //调用 funl 自身
}
```

6.6.1　递归的基本原理

“递归”可以根据字面意义去理解，“递”就是一级一级的递进，“归”则是回归的意思，递归就是通过一级一级的递进，从而回归到已知条件。由于递归会反复地调用本身，需反复保存“当前现场”和“下一条指令地址”，所以递归算法的执行效率相对较低。

一般采用递归算法需符合以下三个条件：

(1) 可以把要解决的问题转化为一个新的问题，而这个新问题的解决方法仍与原来的解决方法相同。

(2) 每个子问题必须比原来问题的规模更小，如果能够迅速减小规模更好。

(3) 要有一个明确的结束递归的条件，当问题的规模达到一定程度时，问题的解是已知的，这时可以结束递归调用，否则会形成死循环。

6.6.2　递归的使用

使用递归需按照递归的基本条件，分析所给出的问题，想办法把规模变小，使小规模的问题与原问题具有相同的解法，当规模足够小时，该问题的解是已知的，这时可以使用递归，如例 6-8 所示。

【例 6-8】 用递归求 n!。代码如下：

```
#include <stdio.h>
#pragma warning(disable:4996);
float fac(int n);
void main()
{
    int n = 10;
    float s;
    scanf("%d", &n);
    s = fac(n);
```

```
    printf("%d!=%f", n, s);
}
float fac(int x)
{
    float f;
    if (x == 0 || x == 1)
        f = 1;
    else
        f = fac(x - 1) * x;
    return f;
}
```

程序运行结果：

```
20
20!=2432902023163674600.000000
```

6.7 变量的作用域

在讨论函数的形参时曾经提到，形参只在被调用期间才分配内存单元，调用结束后立即释放，这一点表明形参只有在函数内部才是有效的，离开该函数就不能再使用了，这种变量有效性的范围称为变量的作用域。C 语言中所有的变量都有自己的作用域，根据变量说明方式的不同，其作用域也不同。C 语言中的变量，按其作用域范围的不同可分为两种，一种是局部变量，另一种是全局变量。

6.7.1 局部变量

在一个函数内部定义的变量是局部变量，只有在这个函数内部才能使用，变量的应用范围就是定义它的函数体，一旦离开函数，再使用就会出现错误，这样的变量称为局部变量，例如下面的程序：

```
float fun1(int a){
  int b, c;
  ……………
  ……………
}
float fun2(int x, int y){
  int b, j;
  ……………
  ……………
}
```

```
int main(){
   int m, n;
   ……………
   ……………
    return 0;
}
```

在函数 fun1 中，变量 a、b、c 都是局部变量，这里形参也是局部变量，作用范围和函数体内定义的变量相同。不同函数中可以使用相同的变量名，它们代表不同的对象，互相独立，如函数 fun1 和函数 fun2 中都定义了变量 b，但它们不是同一个变量。主函数 main()中定义的变量 m 和 n 只在主函数中有效，主函数也不能使用其他函数中定义的变量，例如函数 fun2 中的 b 和 j。

6.7.2　全局变量

程序的编译单元是源程序文件，一个源程序文件可以包含一个或若干个函数，在函数内定义的变量是局部变量，而在函数之外定义的变量称为全局变量，全局变量可以被本文件中的其他函数所共用，它的有效范围是从定义变量的位置开始到源文件结束，如例 6-9 所示。

【例 6-9】 全局变量示例。示例代码如下：

```
#include<stdio.h>
int a = 3, b = 5;
float fun1() {
    int x = 1;
    printf("a=%d, b=%d, x=%d\n", a, b, x);
}
int i = 10, j = 66;
float fun2() {
    int b = 22;
    printf("b=%d, i=%d", b, i);
}
int main() {
    fun1();
    fun2();
    return 0;
}
```

程序运行结果：

```
a=3, b=5, x=1
b=22, i=10
```

程序解读：

(1) a、b、i、j 都是全局变量，但它们的有效范围不同，变量 a 和 b 的有效范围是从 a 和 b 的定义处到程序结束，变量 i 和 j 的有效范围是从 i 和 j 的定义处到程序结束。

(2) 在函数 fun2 中局部变量 b 和全局变量 b 出现了同名情况，局部变量 b 的作用范围是第 9～11 行，所以在此范围内全局变量 b 被局部变量 b 屏蔽，相当于全局变量 b 在此范围内不起作用。

本章小结

本章主要讲解了 C 语言中函数的使用，包括：函数的定义与使用、函数的参数传递、数组作为函数的参数、函数的递归、变量的作用域等。函数在程序中的应用非常广泛，可以将实际应用中的各种功能及操作抽象为独立的函数完成特定的功能，是 C 语言程序设计的精髓，灵活掌握函数间参数的传递方式，可以提高程序的运行效率。

本章重点需掌握函数的定义及使用、函数参数传递的两种方式以及变量的作用域。

习　题

1．设计函数 max(x, y)，返回两个数值中的最大值，同时写一个测试程序测试该函数。

2．编写程序实现将键盘输入的数字倒序排列，并输出。例如：输入 7631，返回 1367。

3．编写两个函数，分别求两个整数的最大公约数和最小公倍数，用主函数调用这两个函数并输出结果。

4．写一个判断素数的函数并输出判断的结果。

5．输入 10 个学生 5 门课的成绩，要求用函数实现：(1) 求出每个学生的平均分。(2) 每门课的平均分。

第7章　预处理指令

预处理是 C 语言的一个重要功能，它由预处理程序负责完成，当对一个源文件进行编译时，系统首先会根据程序中的预处理指令自动调用预处理程序对源程序进行预处理，处理完毕后再开始源程序的编译。

在前面各章中，已多次使用过以“#”开头的预处理指令，如包含指令#include、宏定义指令#define 等。C 语言中常用的预处理指令包括：文件包含指令、宏定义指令、条件编译指令等，合理地使用这些指令，可使程序便于阅读、修改、移植和调试，也是程序进行模块化设计的主要手段之一。

预处理指令一般放在程序的首部，以换行符结束，不需要加分号，续写时需要加续写符“\”，每条预处理指令都必须独占一行并以“#”开头，预处理指令的作用域是从定义起直到其所在源程序文件结束。

7.1　文件包含指令

文件包含指令为#include，在一个源文件中使用文件包含指令，可以将另一个文件的全部内容包含进来，也就是将另一个文件读入到本文件中，被读入的文件必须用双引号或尖括号括起来，使用尖括号包含的格式，表示在包含文件目录中去查找(包含目录在环境变量中设置)该文件，而不在源文件目录中去查找；使用双引号包含的格式，则表示首先在当前的源文件目录中去查找该文件，若未找到再到包含目录中去查找，一般包含系统头文件使用尖括号包含的格式，包含用户自定义头文件使用双引号包含的格式，例如：

```
#include <stdio.h>     //在包含文件目录中去查找 stdio.h 文件
#include "show.h"      //首先在当前的源文件目录中查找 stdio.h 文件，若未找到再到包含目录中
                       去查找
```

一个 include 指令只能包含一个文件，若需包含多个文件时，需使用多个 include 指令，文件包含允许嵌套，即在一个被包含的文件中又可以包含另一个文件。

当程序包含多个模块时，可以将公用的命名常量或宏定义等单独放到一个文件中，在其他文件中包含该文件后即可使用这些符号常量或宏，这样可避免多次重复定义，并提高编程效率。

被包含的文件称为头文件，文件后缀为.h，头文件中一般包含命名常量、宏定义、系统全局变量、函数原型声明、数据类型定义等，如例 7-1 所示。

【例 7-1】 文件包含指令示例。示例代码如下：

新建一个 C 语言源码文件“fun.c”。

```
#include<stdio.h>
void sun(int a, int b)
{
    int c=10;
    printf("a+b=%d\n", a + b);
    printf("c=%d\n", c);
}
```

新建一个 C 语言头文件“myhead.h”，在该头文件中定义一个全局变量 x，并对“fun.c”中的 sun()函数进行原型声明。

```
#pragma once
int x;
void sun(int, int);
```

新建一个 C 语言源码文件“main.c”，并包含“myhead.h”头文件。

```
#include<stdio.h>
#include"myhead.h"
void main()
{
    int a = 5, b = 19;
    x = a;
    sun(a,b);
    printf("x=%d\n", x);
}
```

程序运行结果：

```
a+b=24
c=10
x=5
```

程序解读：该例中定义了一个头文件，在头文件中定义了一个变量 x，该变量此时为全局变量，并在该变量中对“fun.c”中的 sun()函数进行原型声明，在“main.c”文件中包含该头文件，这时在“main.c”文件中可以直接调用变量 x 和函数 sun()，通过这样的设计程序实现了模块化，可以将一些常用的函数写到一个源程序文件中，然后通过一个头文件对这些函数进行原型声明，使用时直接包含该头文件即可。

7.2 宏定义指令

C 语言中允许使用一个标识符表示一个字符串，在预处理时对程序中所有相同的标识符进行替换，替换为该标识符表示的字符串，把这种机制称为宏，宏通过宏定义指令定义。

宏定义由三部分组成，第一部分是预处理指令#define，第二部分是宏名，第三部分是替换列表，根据宏中是否有参数，可以分为不带参数的宏和带参数的宏。

7.2.1 定义不带参数的宏

定义不带参数的宏，一般形式如下：

```
#define    宏名    字符串
```

其中，宏名是一个标识符，必须符合 C 语言标识符的规定，一般使用大写字母，以便与变量区分；字符串可以是常数、表达式、格式字符串等。

例如：

```
#define  PI  3.14159265
```

宏定义不需要在末尾加分号，定义的位置任意，但一般放在函数外面，定义时，如果单词串太长，需要续行时，可以在行尾添加反斜线“\”续行，可以用#undef 命令终止宏的作用域，由于宏定义是预处理指令，在预处理时执行字符替换，所以不分配内存空间，如例 7-2 所示。

【例 7-2】 不带参数宏的示例。示例代码如下：

```
#include <stdio.h>
#define TYPE "%d \n"
#define LENGTH 100
int main()
{
    printf(TYPE, LENGTH);
    return 0;
}
```

程序运行结果：

```
100
```

7.2.2 定义带参数的宏

定义带参数的宏，一般形式如下：

```
#define    宏名(形参表)    字符串
```

其中，宏名是一个标识符，必须符合 C 语言标识符的规定，一般使用大写字母，以便与变量区分；形参表是用逗号分隔的若干个形参，形参表中不需指明形参的数据类型；字符串可以是常数、表达式、格式字符串等。

带参数宏的结构和作用与函数很相似，宏定义中的参数称为形参，调用宏时的参数称为实参，宏调用时，不仅要将宏展开，而且要用实参代替形参，如例 7-3 所示。

【例 7-3】 带参数宏的示例。示例代码如下：

```
#include <stdio.h>
#pragma warning(disable:4996);
#define MAX(a,b) (a>b)?a:b
main() {
    int x, y, max;
    printf("input two numbers:        ");
    scanf("%d%d", &x, &y);
    max = MAX(x, y);
    printf("max=%d\n", max);
}
```

程序运行结果：

```
input two numbers:       10 20
max=20
```

程序解读：该例中，第 3 行进行了带参宏的定义，用宏名 MAX 表示条件表达式(a>b)?a:b，形参 a,b 均出现在条件表达式中，程序第 8 行 max=MAX(x, y)为宏调用，实参 x、y 将替换形参 a、b。

宏名可以重复定义，但预处理器以最后一次定义为准，如例 7-4 所示。

【例 7-4】 宏名重复示例。示例代码如下：

```
#include <stdio.h>
#define SIZE 100
#define SIZE 200
int main()
{
    printf( "%d \n", SIZE );
    return 0;
}
```

程序运行结果：

```
200
```

定义带参数的宏时，宏名与括号之间不可以加空格，形参不需要做类型说明。

虽然说带参数的宏与函数相似，但也有区别，如表 7-1 所示。

表 7-1　宏与函数比较

比较项目	有参宏	函　　数
处理时间	编译时	程序运行时
参数类型	无类型	需定义形参、实参类型
处理过程	不分配内存，简单的字符置换	分配内存，先求实参值，再代入形参
程序长度	变长	不变
运行速度	不占用运行时间	调用和返回占用运行时间

合理使用宏，能增强程序的可读性，使程序便于修改，而且对于一些使用频繁、函数体较小的函数，使用宏代替，能有效地提高程序的运行速度。

7.2.3 预定义宏

C 语言中将一些常用的功能采用宏进行了预定义，开发者可以直接使用，这些宏称之为预定义宏，预定义宏的宏名都是以“__”(两条下划线)开头和结尾，如果宏名是由两个单词组成，那么中间以“_”(一条下划线)进行连接，宏名一般都由大写字符组成，常用预定义宏如表 7-2 所示。

表 7-2　常用预定义宏

宏名	说　明
__DATE__	当前源文件的编译日期，用“Mmm dd yyy”形式的字符串常量表示
__FILE__	当前源文件的名称，用字符串常量表示
__LINE__	当前源文件中的行号，用十进制整数常量表示，它可以随#line 指令改变
__TIME__	当前源文件的最新编译时间，用“hh:mm:ss”形式的字符串常量表示

在使用预定义宏时，要注意当前编程环境所采用的标准和编译器类型，有些预定义宏只在某个标准中或某个特定编译器中有效。预定义宏的使用，如例 7-5 所示。

【例 7-5】 预定义宏的使用。代码如下：

```
#include <stdio.h>
int main()
{
    printf("The file is %s.\n", __FILE__);
    printf("The date is %s.\n", __DATE__);
    printf("The time is %s.\n", __TIME__);
    printf("This line %d.\n", __LINE__);
    return 0;
}
```

程序运行结果：

```
The file is E:\test\demo7_4\main.c.
The date is Apr 18 2019.
The time is 17:40:42.
This line 7.
```

7.3 条件编译指令

条件编译指令可以控制源程序的编译内容，可根据条件编译指令包含或忽略代码块，产生不同的待编译代码，常用在程序的移植和调试过程中。常用的条件编译指令，如表7-3 所示。

表 7-3　常用的条件编译指令

指　令	说　　明
#if	如果条件为真
#elif	如果前面条件为假，而该条件为真
#else	如果前面条件均为假
#endif	结束相应的条件编译指令
#ifdef	如果该宏已定义
#ifndef	如果该宏没有定义
#undef	取消已定义的宏

条件编译指令类似分支 if 语句，通过表 7-3 中的指令可以组成以下几种常用结构：

(1) #if-#endif 结构。结构形式如下：

```
#if 条件表达式
  代码块
#endif
```

功能为：如果条件表达式的值为真，则编译代码块。

(2) #if-#else-#endif 结构。结构形式如下：

```
#if 条件表达式
    代码块 1
#else
    代码块 2
#endif
```

功能为：如果条件表达式的值为真，则编译代码块 1，否则编译代码块 2。

(3) #ifndef-#define-#endif 结构。结构形式如下：

```
#ifndef 标识符
#define 标识符 替换列表
    代码块
#endif
```

功能为：如果该标识符代表的宏没有定义，则定义该宏，并编译代码块。

(4) if-#elif-#else-#endif 结构。结构形式如下：

```
#if 条件表达式 1
    代码块 1
#elif 条件表达式 2
```

```
        代码块 2
    #else
        代码块 3
    #endif
```

功能为：先判断条件表达式 1 的值，如果为真，则编译代码块 1，如果为假，而条件表达式 2 的值为真，则编译代码块 2，如果条件表达式 1 的值为假，不管条件表达式 2 的值是什么，都编译代码块 3。

(5) #ifdef-#endif 结构。结构形式如下：

```
#ifdef 标识符
    代码块
#endif
```

功能为：如果该标识符代表的宏已定义，则编译代码块。

(6) #ifdef-#undef-#endif 结构。结构形式如下：

```
#ifdef 标识符
#undef 标识符
  代码块
#endif
```

功能为：如果该标识符代表的宏已定义，则取消该宏的定义，并编译代码块。

条件表达式可以是宏、算术运算、逻辑运算等合法的 C 语言表达式，如果条件表达式为未定义的宏，那么该条件表达式值将被视为 0，如例 7-6 所示。

【例 7-6】 判断表达式为未定义的宏。代码如下：

```
#include <stdio.h>
int main()
{
int a = 10;
#if (a>1)
    printf("a>1");
#else
    printf("a=1");
#endif
    return 0;
}
```

程序运行结果：

```
a=1
```

一般在程序调试过程中，需要监测数据的变化情况，这时需要加入若干个 printf 语句，如果程序代码量很大，这时加入的 printf 语句可能也会很多，当程序调试完成，需要转移到生产环境中时，需要将这些 printf 语句逐一删除，这样工作量会很大，而且容易出错，也不利于程序后期的修改调试，如例 7-7 所示。

【例 7-7】 条件编译的应用示例。示例代码如下：

```
#include <stdio.h>
#pragma warning(disable:4996);
#define DEBUG    //添加此条语句，程序就处于调试状态，则下面调试语句都将被打开
int main()
{
#if defined(DEBUG)
    printf("Beginning execution of main()\n");
#endif
    int arrNumber[100] = { 0 };
    int nNumber = 0;
    int nCount = 0;
    while (1)
    {
            scanf("%d", &nNumber);
#if defined(DEBUG)
            printf("Debug:  nNumber = %d \n", nNumber);
#endif

            if (-999 == nNumber || 100 == nCount)
            {
                break;
            }
            arrNumber[nCount++] = nNumber;
    }
    return 0;
}
```

程序运行结果：

```
Beginning execution of main()
12
Debug:   nNumber = 12
44
Debug:   nNumber = 44
88
Debug:   nNumber = 88
66
Debug:   nNumber = 66
100
Debug:   nNumber = 100
```

```
-999
Debug:   nNumber = -999
```

程序解读：#if 结构的判断表达式为“defined(DEBUG)”，对“defined(宏名)”而言，如果宏名已经定义，则返回 1，否则返回 0，defined(宏名)可以进行逻辑运算。

本章小结

本章主要讲解了预处理中的文件包含指令、宏定义指令和条件编译指令，合理地使用预处理指令，可以使编写的程序便于阅读、修改、移植和调试，也可以提供编码效率。

本章重点应掌握文件包含指令、宏定义指令和条件编译指令的使用，并掌握使用条件编译指令进行程序的调试。

习 题

1．下面有关宏的使用正确的是(　　)。

A. #define FPM 5280
dis = FPM * miles;

B. #define FEET 4
#define POD FEET + FEET
plot = FEET * POD;

C. #define SIX = 6;
nex = SIX;

D. #define NEW(X) X + 5
y = NEW(y);
berg = NEW(berg) * lob;
best = NEW(berg) / NEW(y);
nilp = lob *NEW(- berg);

2．有以下程序：

```
#include <stdio.h>
#define f(x) x*x*x
int main()
{
    int a=3,s,t;
    s=f(a+1);
    t=f((a+1));
    printf("%d,%d\n",s,t);
    return 0;
}
```

程序运行后输出的结果为(　　)。

A. 10,64　　B. 10,10　　C. 64,10　　D. 64,64

3．编写程序实现：输入矩形的两个边长，求其面积，用带参数的宏实现。

4．编写程序实现：分别用函数和带参数的宏实现，从 3 个数中找出最小数。

第 8 章 指 针

C 语言中有一种特殊的数据类型，称为指针，指针是 C 语言最主要的特点之一，一个定义为指针类型的变量可以用来存储变量、函数、数组等地址，使用指针可以提高程序的编译效率和执行速度。

灵活的指针用法，极大地丰富了 C 语言的功能，这也决定了指针的学习具有一定的难度，在学习过程中正确理解和使用指针是掌握 C 语言的一个重要标志。

本章将讲解 C 语言中指针的相关概念及使用方法。

8.1 内存地址与内存空间

8.1.1 内存地址

内存地址是一个存储单元的编号，通常简称地址，以字节为存储单元，编号是一个 4 位或 8 位的 16 进制序列。例如 4G 内存，其实际意义是 4 GB 个字节(Byte)：4G = 4 × 1024 M(Byte) = 4 × 1024 × 1024 K(Byte) = 4 × 1024 × 1024 × 1024 bit(Byte)，即 2 的 32 次方个 8 bit 单位(1 Byte = 8 bit)。

根据硬件环境(CPU 的字长和内存颗粒的位宽)的不同，内存地址可表示为 4 位 16 进制数或 8 位 16 进制数，如图 8-1 所示。

<table>
<tr><td>0</td><td>0</td><td>1</td><td>0</td><td>0</td><td>1</td><td>0</td><td>0</td></tr>
<tr><td>bit</td><td>bit</td><td>bit</td><td>bit</td><td>bit</td><td>bit</td><td>bit</td><td>bit</td></tr>
<tr><td colspan="8">Byte</td></tr>
<tr><td colspan="8">4位地址：0x0001</td></tr>
<tr><td colspan="8">8位地址：0x00000001</td></tr>
</table>

图 8-1 内存地址

8.1.2 内存空间

内存空间是计算机在运行时存储数据的区域，单位为字节，根据字符集的编码方式不同，英文字母和中文汉字所占的字节数也不同，如表 8-1 所示。

表 8-1 英文字母和中文汉字在不同编码方式中所占内存空间

编码方式 / 字符类型	GB2312	GBK	GB18030	ISO-8859-1	UTF-8	UTF-16	UTF-16BE	UTF-16LE
英文字母/Byte	1	1	1	1	1	4	2	2
中文汉字/ Byte	2	2	2	1	3	4	2	2

以 GBK 编码方式为例，存储一个英文字母需要 1 个字节，存储一个汉字需要 2 个字节，如图 8-2、图 8-3 所示。

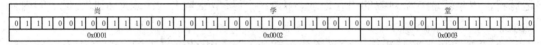

S	X	T
0 1 0 1 0 0 1 1	0 1 0 1 1 0 0 0	0 1 0 1 0 1 0 0
0x0001	0x0002	0x0003

图 8-2 英文字母存储方式

尚	学	堂
0 1 1 1 0 0 1 0 0 1 1 1 0 0 1 1	0 1 1 1 0 0 1 1 0 1 1 1 0 0 1 0	0 1 1 1 0 0 1 1 0 1 1 1 1 1 1 0
0x0001	0x0002	0x0003

图 8-3 中文汉字存储方式

图 8-2、图 8-3 中第一行是要表示的字符，第二行是计算机内存中实际存储的数据(图中编码不是真实数据)，第三行是内存地址。

8.2 指 针 变 量

内存地址是一个常量，指针是一种数据类型，可以定义一个指针类型的变量存储一个内存地址，这种变量称为指针变量，通常简称指针。C 语言中任何一个变量在内存中都有一个地址，当把该地址赋值给一个指针时，称该指针指向变量。指针可以为空，即不指向任何内存地址。

设有字符变量 x，其值为 ‘a’，x 的内存地址为 0x0001，设有指针 p，并指向 x 的内存地址，也称 p 是指向变量 x 的指针，如图 8-4 所示。

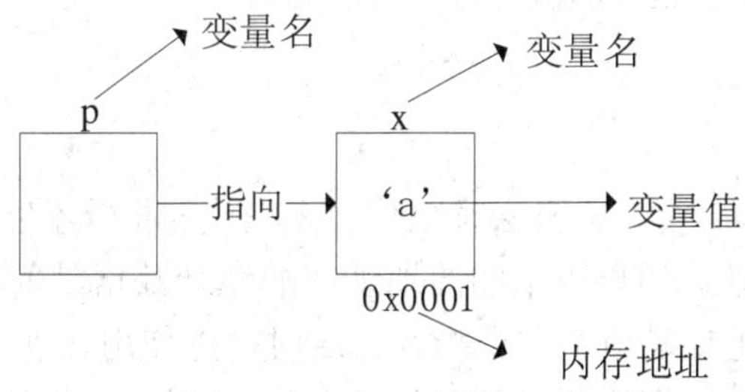

图 8-4 指针指向示意

8.2.1 指针的定义

指针定义的一般形式为：

```
类型说明符  *变量名;
```

其中，*表示这是一个指针；变量名表示指针的名称；类型说明符表示该指针所指向的对象数据类型。

例如：

```
int *p1;
```

表示 p1 是一个指针，它可以被赋值一个整型变量的地址，或者说 p1 指向一个整型变量。

8.2.2 运算符“*”和“&”

C 语言中提供了两个与指针相关的运算符“*”和“&”。“*”称为取值运算符，表示取出指针所指向的变量的值，是一个单目运算符，例如：有整型指针 p1，*p1 表示获取 p1 所指向的变量值。“&”称为取内存地址运算符，通常简称取址运算符，也是一个单目运算符，用来获取一个对象的内存地址，例如：有整型变量 i，&i 表示获取变量 i 的内存地址。

“*”和“&”符号出现在定义语句中和执行语句中的含义不同，它们作为单目运算符和双目运算符时的含义也不同。

单目运算符“*”出现在定义语句中，表示定义指针，例如：

```
int *p1;      //定义 p1 是一个 int 型指针
```

单目运算符“*”出现在执行语句中或在定义语句的赋值表达式中，表示获取指针所指向的对象的值，例如：

```
cout<<*p1;   //输出指针 p1 所指向的对象值
```

单目运算符“&”在给指针赋值时，出现在等号右边或在执行语句中作为单目运算符出现时，表示取对象的内存地址，例如：

```
int x, y;
int *p1, *p2=&y;   //p1, p2 是指针，&y 是取出 y 的内存地址，p2 的初值是 y 的内存地址
p1=&x;             //取 x 的内存地址，赋值给指针 p1
```

双目运算符“*”出现在算数运算中，表示求两个数的乘积；双目运算符“&”出现在位运算中，表示对两个表达式的值进行位与运算。

8.2.3 指针赋值

指针在使用前不仅要定义，而且必须赋值，未赋值的指针不能使用，给指针赋值需提前知道内存中已知的地址，如果用未知的地址或非地址数据赋值，会引起错误，甚至死机。可以将一个变量的地址赋值给一个指针，这时可以使用取址运算符“&”，将一个变量的地址取出并赋值。两个类型相同的指针，可以互相赋值。指针可以在定义时赋值，也可以在定义后再赋值，如例 8-1 所示。

【例 8-1】 指针变量赋值示例。示例代码如下：

```
#include <stdio.h>
int main()
```

```
{
    int x = 10;
    printf("变量x的地址是：%#x\n", &x);                    //输出变量x的地址
    int y = 20;
    int* p1 = &x;
    printf("指针变量p1所指向的地址是:%#x\n", p1);      //输出指针变量p1所指向的地址
    int* p2;
    p2 = &y;
    p1 = p2;
    printf("指针变量p1所指向的地址是:%#x\n", p1);      //输出指针变量p1所指向的地址
    printf("指针变量p2所指向的地址是:%#x\n", p2);      //输出指针变量p2所指向的地址
    return 0;
}
```

程序运行结果：

```
变量 x 的地址是：0x2efa80
指针变量 p1 所指向的地址是:0x2efa80
指针变量 p1 所指向的地址是:0x2efa74
指针变量 p2 所指向的地址是:0x2efa74
```

在 C 语言中，变量的地址由系统分配，如果在指针定义时不明确该指针指向何处，这时可以赋一个空值，例如：

```
int *pnum = NULL;
```

在定义指针时，“*”表示定义一个指针，而在给指针赋值时，不能在指针名前添加“*”，例如下面错误的写法：

```
int *pnum;
int x;
*pnum=&x;
```

在给指针赋值时不允许把一个整型数据赋值给指针，因为指针的值不是一个整型数据，因此下面的赋值是错误的：

```
pnum = 1000;    //错误
```

每个指针都有自己的类型(void 指针除外)，如果在赋值或初始化时赋值的类型与指针的类型不匹配，编译时会引起编译错误，例如下面的赋值是错误的：

```
long val = 10000;
int* p = &val; //错误，类型不一致
```

8.2.4　指针的引用

可以引用指针本身也可以引用指针所指向的内存单元的值。引用指针本身，即引用指针的地址，如例 8-1 中的 p1=p2，引用 p2 的值赋值给 p1；引用指针所指向的内存单元的值，可以使用取值运算符“*”获取指针所指向的内存单元的值，如例 8-2 所示。

【例 8-2】 引用指针所指向的内存单元的值。代码如下：

```
#include <stdio.h>
int main()
{
    int x = 10;
    int* p1 = &x;
    printf("指针p1所指向的地址是:%#x\n", p1);   //输出指针p1所指向的地址
    printf("指针p1所指向的内存单元的值是:%d\n", *p1); //输出指针p1所指向的内存单元的值
    return 0;
}
```

程序运行结果：

```
指针 p1 所指向的地址是: 0x2df8b4
指针 p1 所指向的内存单元的值是: 10
```

8.2.5 void 类型指针

void 类型指针是一种特殊的指针类型，void 类型指针可以指向任何类型变量，但在使用时，需要进行强制类型转换，转换为指针所指向的变量数据类型，如例 8-3 所示。

【例 8-3】 void 类型指针应用示例。示例代码如下：

```
#include <stdio.h>
int main()
{
    int x = 10;
    void* p1 = &x;
    printf("指针p1所指向的内存单元的值是:%d\n", *((int*)p1));   //输出指针p1所指向的地址
    return 0;
}
```

程序运行结果：

```
指针 p1 所指向的内存单元的值是: 10
```

8.2.6 字符指针指向字符串

字符串在内存中是连续存放的，并且编译器会自动在字符串末尾加入“\0”符号，表示字符串结束，这样字符串在内存中的存储方式与数组一样，这时可以用一个字符指针指向一个字符串，如例 8-4 所示。

【例 8-4】 字符指针指向字符串示例。示例代码如下：

```
#include <stdio.h>
int main()
{
    char* str = "beijing sxt";
```

```
    printf("%s\n", str);
}
```

程序运行结果：

```
beijing sxt
```

程序解读：格式化输出 printf("%s\n", str)中，%s 表示输出字符串，结束标识是“\0”，指针 str 指向“b”所在的存储单元，如图 8-5 所示。

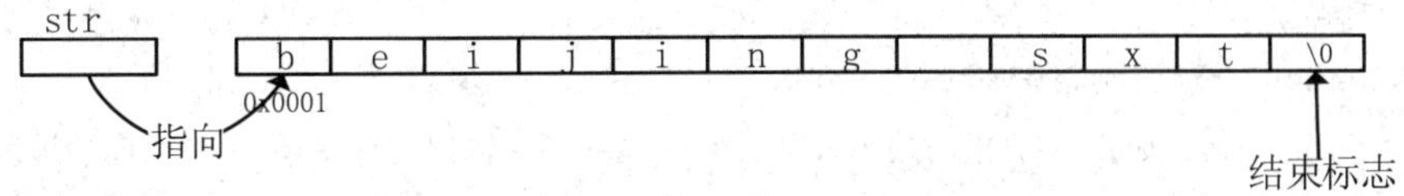

图 8-5　字符指针指向字符串

8.3　指针与数组

组成数组的元素在内存中是连续存储的，并且每一个元素的数据类型都相同，根据数组元素类型的偏移量，可得出数组中元素的内存地址也是连续的(这里的连续是指按一定的规律连续，不一定是逐一连续)，并且数组有一个特性，那就是数组的地址等于数组中第一个元素的地址，这时通过一个指向数组中第一个元素的指针就可以操作整个数组。

8.3.1　指向数组的指针

定义指向数组的指针即定义指向数组第一个元素的指针，例如：

```
int a[10]={1, 3, 5, 7, 9, 11, 13, 15, 17, 19};          //定义整型数组 a，包含 10 个元素
int *p;                                                  //定义 p 为指向整型变量的指针
p=&a[0];                                                 //把元素 a[0]的地址赋给指针 p
```

在 C 语言中，数组名作为操作符(++、--除外)右值时会自动转换为数组中第一个元素的地址，这时可以不用取址运算符，即 p=a 与 p=&a[0]是等价的，由于数组是同类型数据的连续序列，所以说数组第一个元素的地址就是该数组的地址，如图 8-6 所示。

1	3	5	7	9	11	13	15	17
a[0]	a[1]	a[2]	a[3]	a[4]	a[5]	a[6]	a[7]	a[8]
0x0001	0x0002	0x0003	0x0004	0x0005	0x0006	0x0007	0x0008	0x0009

第一个元素的地址==数组的地址

图 8-6　数组的地址

数组名只有作为操作符(++、--除外)右值时才会自动转换为数组中第一个元素的地址，第一个元素的地址也就是数组的地址，这个转化过程由系统完成，但不能说数组名就是数组第一个元素的地址，如例 8-5 所示。

【例 8-5】 指向数组的指针示例。示例代码如下：

```
#include <stdio.h>
int main()
{
    int a[10] = { 1,3,5,7,9,11,13,15,17,19 };
    int* p;
    p = a;
    printf("数组的地址是:%#x\n", &a);                //输出数组 a 的地址
    printf("指针变量 p1 所指向的地址是:%#x\n", p);     //输出指针变量 p1 所指向的地址
    return 0;
}
```

程序运行结果：

```
数组的地址是:0x1cfc30
指针变量 p1 所指向的地址是:0x1cfc30
```

8.3.2 通过指针引用数组元素

在 C 语言中，如果指针 p 指向数组中的一个元素，则(p+1)指向同一数组中的下一个元素。“+1”的步长不是简单的地址“+1”，而是以数组元素类型长度(偏移量)为一个单位，每次加一个单位(偏移量)，数组元素类型的长度可以用 sizeof 运算符获得，如例 8-6 所示。

【例 8-6】 获取数组元素的偏移量示例。示例代码如下：

```
#include <stdio.h>
int main()
{
    int a[10] = { 1,3,5,7,9,11,13,15,17,19 };
    int* p;
    p = a;
    printf("a数组元素类型的长度(偏移量)为：%d", sizeof(a[0]));
    return 0;
}
```

程序执行结果：

```
数组元素类型的长度(偏移量)为：4
```

程序解读：该例中，由于 a 是一个整型数组，a 的每一个元素都是整型数据，整型数据的偏移量是 4 个字节，p 的初始值为&a[0]，p+i 或 a+i 后 p 指向的是从当前位置向后移动 i 个偏移量后的元素，如图 8-7 所示。

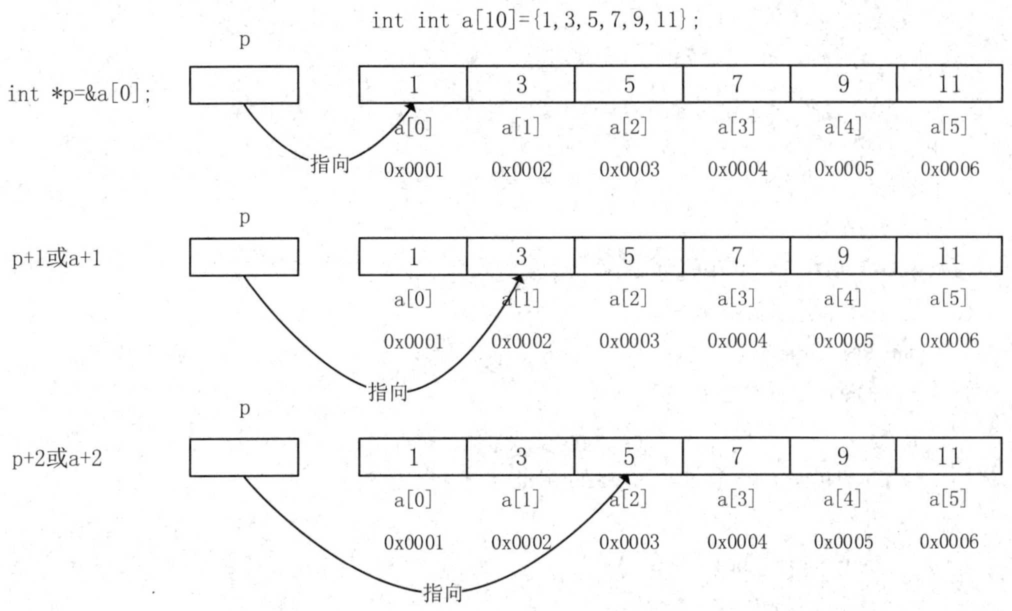

图 8-7 移动指向数组的指针

通过指针操作数组时，指针也可以带下标，如 p[i]和*(p+i)等价的，在移动指针过程中不可越界，如在图 8-7 中，如果执行 p+6，就超出了数组的界限。

引用数组元素既可以通过数组下标，也可以通过数组名和指针，下面分别用数组下标、数组名、指针三种方法引用数组元素，如例 8-7 所示。

【例 8-7】 分别用数组下标、数组名、指针三种方法引用数组元素。

(1) 通过数组下标引用数组元素。代码如下：

```
#include <stdio.h>
int main()
{
    int a[10] = { 1,3,5,7,9,11,13,15,17,19 };
    for (int i = 0; i < 10; i++) {
        printf("%d ", a[i]);
    }
    return 0;
}
```

程序运行结果：

```
1 3 5 7 9 11 13 15 17 19
```

(2) 通过数组名引用数组元素。代码如下：

```
#include <stdio.h>
int main()
{
    int a[10] = { 1, 3, 5, 7, 9, 11, 13, 15, 17, 19 };
```

```
        for (int i = 0; i < 10; i++) {
            printf("%d ", *(a + i));
        }
        return 0;
    }
```

程序运行结果：

```
1 3 5 7 9 11 13 15 17 19
```

(3) 通过指针引用数组元素。代码如下：

```
#include <stdio.h>
int main()
{
    int a[10] = { 1,3,5,7,9,11,13,15,17,19 };
    int* p;
    for (p = a; p < (a + 10); p++) {
        printf("%d    ", *p);
    }
    return 0;
}
```

程序执行结果：

```
1 3 5 7 9 11 13 15 17 19
```

程序解读：该例中，通过数组下标引用数组元素时，系统会将 a[i]转换为*(a+i)处理，即先计算元素地址，再取值；通过数组名引用数组元素时同样也需要首先计算元素的地址，即(a+i)，再取值；而通过指针引用数组元素时可以直接指向目标元素，效率要比前两种高。所以说在遍历数组元素时，一般推荐使用指针，使用指针可以使程序更简洁、高效。

8.3.3 指针数组

当数组元素的类型为指针类型时，该数组是一个指针数组，指针数组是一组有序的指针集合，指针数组的元素指向的是数据类型相同的对象。

定义指针数组的一般形式为：

```
类型说明符 *数组名[数组长度]
```

其中类型说明符为指针数组元素所指向对象数的据类型。

例如，定义一个指针数组 arr 由 10 个元素组成，每个元素都是整型指针：

```
int *arr[10];
```

由于下标运算符[]的优先级高于指针运算符*，因此 arr 先与[10]结合，形成 arr[10]数组形式，表示 arr 有 10 个元素，然后再与指针运算符*结合，*表示此数组是指针类型，每个元素都用来保存一个整型数据的地址。

二维数组可以看作是一维数组中的每一个元素又是一个一维数组所构成的数组，这时可以用一个一维的指针数组去指向一个二维数组，如例 8-8 所示。

【例 8-8】 用一个一维的指针数组指向一个二维数组示例。示例代码如下：

```
#include <stdio.h>
int main()
{
    int a[3][3] = { 1,3,5,7,9,11,13,15,17 };
    int* pa[3] = { a[0],a[1],a[2] };
    int* p = a[0];
    int i;
    for (i = 0; i < 3; i++)
        printf("%d,%d,%d\n", a[i][2 - i], *a[i], *(*(a + i) + i));
    for (i = 0; i < 3; i++)
        printf("%d,%d,%d\n", *pa[i], p[i], *(p + i));
}
```

程序运行结果：

```
5,1,1
9,7,9
13,13,17
1,1,1
7,3,3
13,5,5
```

程序解读：该例中，pa 是一个指针数组，三个元素分别指向二维数组 a 的各行，然后用循环语句输出指定的数组元素，其中*a[i]表示 i 行 0 列元素值；*(*(a+i)+i)表示 i 行 i 列的元素值；*pa[i]表示 i 行 0 列元素值，由于 p 与 a[0]相同，故 p[i]表示 0 行 i 列的值，*(p+i)表示 0 行 i 列的值，如图 8-8 所示。

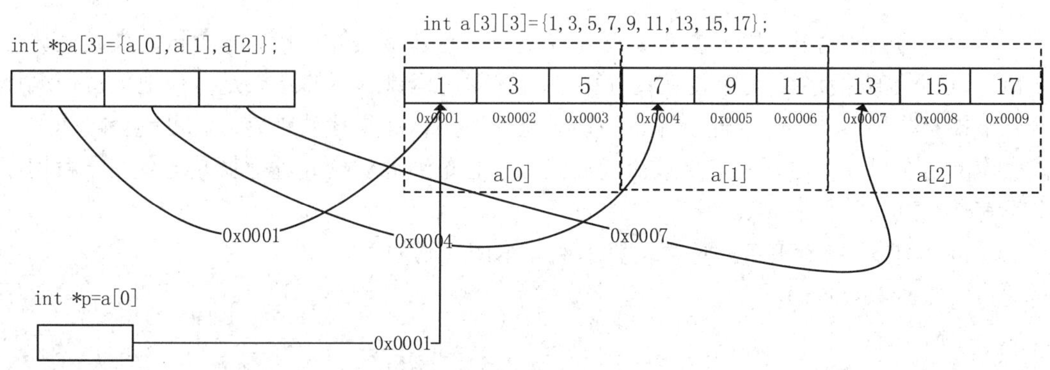

图 8-8　用一个指针数组来指向一个二维数组

应该注意指针数组和二维数组指针的区别，这两者虽然都可用来表示二维数组，但是其表示方法和意义不同。指针数组表示的是多个指针(一组有序指针)，在定义时 "*数组名" 两边不能有括号，如：int *p[3]，表示 p 是一个指针数组，有三个元素 p[0]、p[1]、p[2]均为指针变量；二维数组指针是单个变量，在定义时 " (*指针名) " 两边的括号不可少，如：int (*p)[3]，表示 p 是一个指向二维数组的指针，该二维数组的列数为 3。

指针数组也可用来表示一组字符串，这时指针数组的每个元素被赋予一个字符串的首地址，如例 8-9 所示。

【例 8-9】 用一个指针数组表示一组字符串。代码如下：

```
#include <stdio.h>
int main()
{
    char* sxt[] = { "beijing",
                    "sxt",
                    "java",
                    "python",
                    "html5",
                    "400-009-1906",
                    "bjsxt",
                    "ai" };
    printf("%s\n", sxt[0]);
    printf("%s\n", sxt[1]);
}
```

程序运行结果：

```
beijing
sxt
```

8.4 指针算术运算

指针作为一种特殊的数据类型，可以与整数进行加减运算，指针与整数的加减运算可使指针以某数值(偏移量)为单位在内存中前后移动，运算返回的结果是一个地址，但编译器并不检查这种移动的有效性，即目的地址是否可用，如果移动越界，有可能会操作本不该操作的内存单元，给程序带来致命的后果，并且单纯地对指针进行加减运算在一般程序中没有什么意义，如例 8-10 所示。

【例 8-10】 指针变量的算数运算示例。示例代码如下：

```
#include <stdio.h>
int main()
{
    int x = 10;
    int y = 20;
    int* p1 = &x;
```

```
        printf("p1指向的地址是%#x\n", p1);
        printf("p1数据类型的偏移量是：%d\n", sizeof(p1));
        int* p2 = p1 + 1;
        printf("p1+1后指向的地址是：%#x\n", p2);
        printf("%d\n", *p2);
    }
```

程序运行结果：

```
p1 指向的地址是 0x41f944
p1 数据类型的偏移量是：4
p1+1 后指向的地址是：0x41f948
-858993460
```

程序解读：该例中，p1+1 后地址为：0x28ff14，这个地址对应的值无意义，而对地址取值后得到的值也没有意义。通常只研究已知的连续数据类型中指针的移动，如数组，数组中移动指针，移动的单位是数组元素类型的偏移量，如 int 型是 4 个字节，可以用 sizeof 操作符获得某一数据类型的偏移量。

在同一个数组中可以通过算术运算移动指向数组的指针使其指向数组中的某一个元素，如例 8-11 所示。

【例 8-11】 同一数组中指针的算数运算。代码如下：

```
#include <stdio.h>
int main()
{
    int array[5] = { 1,2,3,4,5 };
    int* p1, * p2;
    p1 = &array[0];
    p1 += 2;
    printf("%d\n", *p1);
    p1--;
    printf("%d\n", *p1);
    return 0;
}
```

程序运行结果：

```
3
2
```

程序解读：p1 是一个整型指针，加 2 后会使指针指向数组的第三个元素。

在同一个数组中，指向高位元素的指针减去指向低位元素的指针，可以得到两个元素间的相差元素个数，如例 8-12 所示。

【例 8-12】 指向同一数组的两个指针运算示例。示例代码如下：

```
#include <stdio.h>
int main()
```

```
{
    int array[5] = { 1,2,3,4,5 };
    int* p1, * p2, step;
    p1 = &array[0];
    p2 = &array[3];
    step = p2 - p1;
    printf("p1=%#x\n", p1);
    printf("p2=%#x\n", p2);
    printf("c=%d\n", step);
    return 0;
}
```

程序运行结果：

```
p1=0x3cf914
p2=0x3cf920
c=3
```

8.5 指向指针的指针

指针也是变量，所以它也有内存地址，指针的内存地址同样也可以赋值给另一个指针，也称一个指针指向了另一个指针，此时指向指针的指针称为二级指针。这种指针指向指针的形式，称为指针链。设有整型变量 x，其值为 10，整型指针 p1 指向变量 x，这时可以定义一个二级整型指针 p2 指向指针 p1，如图 8-9 所示。

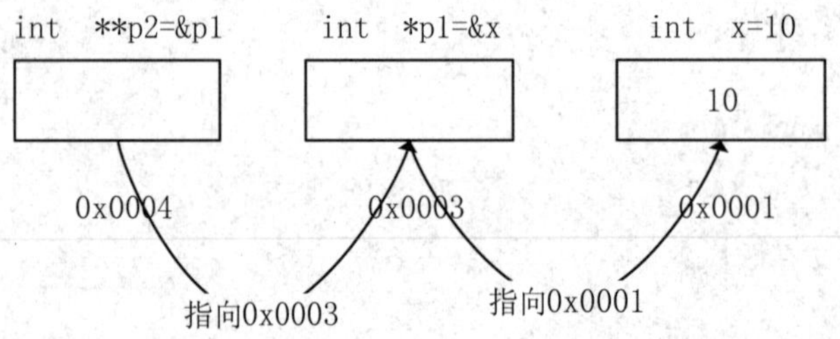

图 8-9 指向指针的指针

在图 8-9 中，指针 p1 指向变量 x 的存储单元，同时 p1 作为变量也有地址，指针 p2 指向 p1 的存储单元。

定义二级指针的一般形式为：

```
类型说明符 **变量名;
```

其中“**”表示定义的是一个二级指针，两个符号是一个整体，不可分割；类型说明符是该二级指针通过间接寻址最终所指向的变量的数据类型。二级指针的使用，如例 8-13 所示。

【例 8-13】 二级指针示例。示例代码如下：

```
#include<stdio.h>
int main(void)
{
    int a, * p1, ** p2;
    a = 10;
    p1 = &a;
    p2 = &p1;
    printf("a=%d\n", a);
    printf("*p1=%d\n", *p1);
    printf("**p2=%d\n", **p2);
    return 0;
}
```

程序运行结果：

```
a=10
*p1=10
**p2=10
```

如果再定义一个三级指针 p3，让它指向 p2，如下所示：

```
int ***p3 = &p2;
```

四级指针也是类似的道理，如下所示：

```
int ****p4 = &p3;
```

在 C 语言中也可以定义三级或多级指针，原理与二级指针一样，二级以上指针由于其逻辑相对复杂，所以在程序设计中很少使用，读者如果感兴趣，可以根据二级指针自学这部分内容。

8.6 指针与函数

在 C 语言中可以将指针运用到函数中，函数中使用指针，可以使程序设计更加灵活、程序执行效率更高效。

8.6.1 指针作为函数参数

在 C 语言中，函数的参数不仅可以是 int、double、char 等基本类型，也可以是指针，用指针作为函数的参数可以将函数外部的地址传递到函数内部，能够在函数内部操作函数外部的数据，并且这些操作不会随着函数的结束而被复原，如例 8-14 所示。

【例 8-14】 指针作为函数的参数传递示例。示例代码如下：

```
#include <stdio.h>
void swap(int* p1, int* p2) {
```

```
        int temp; //临时变量
        temp = *p1;
        *p1 = *p2;
        *p2 = temp;
    }
    int main() {
        int a = 100, b = 200;
        swap(&a, &b);
        printf("a = %d, b = %d\n", a, b);
        return 0;
    }
```

程序运行结果：

```
a = 200, b = 100
```

程序解读：该例中，程序调用 swap()函数时，将变量 a、b 的地址分别赋值给指针 p1、p2，这时 p1 指向 a、p2 指向 b，交换 p1 和 p2 指针所指向变量的值也就是交换 a 和 b 的值，函数运行结束后虽然会将 p1 和 p2 销毁，但它对外部 a 和 b 造成的影响是“持久化”的，不会随着函数的结束而“恢复原样”。

数组、字符串等复杂数据都是一系列数据的集合，在函数调用的参数传递过程中，如果直接传值将消耗大量的内存空间，这时可以运用指针传递它们的地址，在被调函数中通过地址操作这些数据集合，这样可以降低内存的消耗、提高程序运行效率，如将数组作为函数的参数传递，如例 8-15 所示。

【例 8-15】 数组作为函数的参数传递示例。示例代码如下：

```
#include <stdio.h>
void inverse(int* p1, int len) {
    int temp;
    for (int i = 0; i < len / 2; i++)
    {
            temp = *(p1 + i);
            *(p1 + i) = *(p1 + len - i - 1);
            *(p1 + len - i - 1) = temp;
    }
}
int main() {
    int a[10] = { 0,1,2,3,4,5,6,7,8,9 };
    int len = 10;
    printf("原始数组是:\n");
    for (int i = 0; i < len; i++)
    {
```

```
                printf("%d ", a[i]);
        }
        printf("\n倒序后的数组:\n");
        inverse(a, 10);
        for (int i = 0; i < len; i++)
        {
                printf("%d ", a[i]);
        }
}
```

程序运行结果：

```
原始数组是:
0 1 2 3 4 5 6 7 8 9
倒序后的数组:
9 8 7 6 5 4 3 2 1 0
```

8.6.2　指针型函数

在C语言中可以定义函数的返回值是一个指针，这种返回值是指针的函数称为指针型函数。

定义指针型函数的一般形式为：

```
类型说明符 *函数名(形参表)
{
  /*函数体*/
}
```

其中函数名之前加了“*”表明这是一个指针型函数，即返回值是一个指针，类型说明符表示了返回的指针所指向对象的数据类型。如：

```
int *fun(int x,int y)
{
  /*函数体*/
}
```

指针型函数的运用，如例 8-16 所示。

【例 8-16】 指针型函数示例。示例代码如下：

```
#include <stdio.h>
#pragma warning(disable:4996);
char* day_name(int n) {
    static char* name[] = { "Illegal day",
                                  "Monday",
                                  "Tuesday",
```

```
                                   "Wednesday",
                                   "Thursday",
                                   "Friday",
                                   "Saturday",
                                   "Sunday" };
    return((n < 1 || n>7) ? name[0] : name[n]);
}
int main() {
    int i;
    char* day_name(int n);
    printf("input Day No:\n");
    scanf("%d", &i);
    if (i < 0) exit(1);
    printf("Day No:%2d-->%s\n", i, day_name(i));
}
```

程序运行结果：

```
input Day No:
2
Day No: 2-->Tuesday
```

程序解读：该例中，定义了一个指针型函数 day_name，它的返回值指向一个字符串，该函数中定义了一个静态指针数组 name。name 数组被初始化赋值为八个字符串，分别表示各个星期名及出错提示，形参 n 表示与星期名所对应的整数，在主函数中，把输入的整数 i 作为实参，在 printf 语句中调用 day_name()函数，并把 i 值传送给形参 n。day_name()函数中的 return 语句包含一个条件表达式，n 值若大于 7 或小于 1 则把 name[0]的地址返回到主函数输出字符串“Illegal day”，否则返回主函数输出对应的星期名，主函数中的第 7 行是一个条件语句，其语义是，如输入为负数(i<0)则中止程序运行并退出程序，exit 是一个库函数，exit(1)表示发生错误时退出程序，exit(0)表示正常退出。

8.6.3 函数的指针

指针不仅可以指向基本类型数据，也可以指向函数，函数在编译时会被分配一个入口地址，这个函数的入口地址就是函数的地址，该地址可以赋值给一个指针，赋值后可用该指针调用函数，此时的指针称为函数的指针，通常简称函数指针。

定义函数指针的一般形式为：

```
类型名 (*指针变量名)(参数列表);
```

例如：

```
int (*p)(int i,int j);
```

p 是一个指针，它指向一个函数，该函数有两个整形参，函数返回值类型为 int。

设有函数指针 fptr、函数 Function()，函数指针的赋值，如下所示：

```
fptr=&Function;
```

其中取址运算符“&”不是必需的，因为函数名作为操作符右值时可以自动转换为函数的地址，如下所示：

```
fptr=Function;
```

通过指针调用函数时，必须包含一个圆括号括起来的参数表，可采用如下两种形式：

```
x=(*fptr)();
x=fptr();
```

通过函数指针调用函数，如例 8-17 所示。

【例 8-17】 通过函数指针调用函数示例。示例代码如下：

```
#include <stdio.h>
float max(float a, float b)
{
    return a > b ? a : b;
}
float min(float a, float b)
{
    return a < b ? a : b;
}
int main()
{
    float f1 = 1.0f;
    float f2 = 2.0f;
    float (*pFunc)(float, float);        //定义函数指针
    pFunc = max;                         //函数指针指向max函数
    float fMax = pFunc(f1, f2);
    printf("max = %f\n", fMax);
    pFunc = min;                         //函数指针指向min函数
    float fMin = pFunc(f1, f2);
    printf("min = %f\n", fMin);
    return 0;
}
```

程序运行结果：

```
max = 2.000000
min = 1.000000
```

程序解读：该例中，通过两个函数 max()、min()分别求出两个数的最大值和最小值。在主函数中定义了一个函数指针 pFunc，首先让 pFunc 指向 max()函数，求出两个数中的最大值，然后再使 pFunc 指向 min()函数，求出两个数中的最小值。

本章小结

本章主要讲解了指针变量的定义、指针变量的使用以及两个重要的指针运算符“&”和“*”。在实际应用中，指针通常与数组或函数联合使用，本章又结合前面的知识点进一步讲解了指向数组的指针、指针数组、函数中参数或返回值为指针以及指向函数的指针。本章是 C 语言的精华部分，也是体现 C 语言高效、简洁的重要部分，是否可以灵活运用 C 语言去解决实际问题，主要体现在能否灵活运用本章知识点。

本章重点应掌握指针指向数组的操作、指针数组、函数的返回值或参数为指针以及指向函数的指针。

习　题

1．编写运用指针实现判断由键盘输入的三个整数中最大值的程序。

2．编写运用指针实现遍历一个二维数组的程序。

3．编写运用指针实现两个一维数组间元素拷贝的程序。

4．编写运用指针实现数组中元素由大到小排序的程序。

第 9 章 结构体、共用体及枚举

C 语言数据类型中的基本类型，如整型、浮点型、字符型等，可以用来描述简单数据，但在处理复杂问题时，数据也较为复杂，使用基本类型不能满足程序设计的要求，这时可以采用 C 语言数据类型中的构造类型，构造类型中包括数组、结构体、共用体以及枚举，数组在前面章节中已经做了讲解，本章将介绍其他 3 种类型。

9.1 结 构 体

在 C 语言中可以将不同或相同的数据类型组合成一个复合数据类型，用来描述一组数据，开发者可以自定义这个组合由哪些数据类型构成，从而派生出一种新数据类型，这种数据类型称为结构体，并把组成结构体的每一项称为结构体成员。

9.1.1 结构体的定义

结构体是一种“构造”出来的新数据类型，在使用之前必须先定义，也就是构造它，其定义的一般形式为：

```
struct 结构体名{
    成员列表
};
```

struct 表示定义结构体的关键字；结构体名表示该数据类型的名称；成员列表表示该数据类型所包含的成员，每个成员都是一个基本类型或是一个已定义的其他数据类型，成员必须做类型说明，其形式为：

```
类型说明符 结构体成员名;
```

结构体成员的数据类型可以相同，也可以不同，如例 9-1 所示：

【例 9-1】 定义结构体示例。示例代码如下：

```
struct stu {
    char* name; //姓名
    int num;   //学号
    int age;   //年龄
    char group;   //所在学习小组
```

```
    float score;   //成绩
};
```

该例中定义了一个结构体 stu，它包含了 5 个成员，分别是字符指针型的 name、整型的 num、整型的 age、字符型的 group 和单精度型的 score。

9.1.2 结构体变量的定义

定义结构体后，就可以定义该结构体类型的变量，这种变量一般称为结构体变量，其一般形式为：

```
struct 结构体名 结构体变量名;
```

也可以在定义结构体的同时定义结构体变量，如下所示：

```
struct 结构体名
{
  成员列表
}结构体变量1,结构体变量2;
```

如果该结构体只使用一次，也可以采用匿名的方式定义，并在定义的同时定义结构体变量，如下所示：

```
struct
{
    成员列表
}结构体变量1, 结构体变量2;
```

9.1.3 结构体变量的初始化

结构体变量的初始化与普通变量初始化相同，可以在定义时进行初始化，如例 9-2 所示。

【例 9-2】 结构体变量的初始化示例。示例代码如下：

```
#include <string.h>
#include <stdio.h>
struct Student
{
    int  id;
    char name[20];
    char gender;
    char class[40];
    char address[200];
} stu1 = { 1001, "Bill Gates", 'M', "LDCI0701", "New York" };      //定义时赋初值
int main()
{
```

```
        struct Student stu2 = { 1002, "Bill Kim", 'F', "LDCI0702", "Beijing" };
        printf("Student stu1 :%d, ", stu1.id);
        printf("%s, ", stu1.name);
        printf("%c, ", stu1.gender);
        printf("%s, ", stu1.class);
        printf("%s\n", stu1.address);
        printf("Student stu2 :%d, ", stu2.id);
        printf("%s, ", stu2.name);
        printf("%c, ", stu2.gender);
        printf("%s, ", stu2.class);
        printf("%s\n", stu2.address);
        return 0;
    }
```

程序运行结果：

```
Student stu1 :1001, Bill Gates, M, LDCI0701, New York
Student stu2 :1002, Bill Kim, F, LDCI0702, Beijing
```

程序解读：该例中定义了一个结构体 Student，该结构体中包含 5 个成员，在 main()函数外定义了一个全局的 Student 类型的结构体变量 stu1 并初始化，在 main()函数里定义了一个局部的 Student 类型的结构体变量 stu2 并对其也进行了初始化。

9.1.4　结构体变量的引用

结构体变量引用的一般形式为：

```
结构体变量名.成员名;
```

不能直接将一个结构体变量作为一个整体输入或输出，设有结构体变量 stu1、stu2，这时不能直接输出 stu1 和 stu2，如下所示：

```
printf("%d, %s, %c, %s , %s", stu1);
printf("%d,, %s, %c, %s , %s", stu2);
```

如果结构体成员的数据类型又是一个结构体时，这时就要使用若干个成员运算符，一级一级地引用到最低级的成员，如例 9-3 所示。

【例 9-3】 结构体类型成员的数据类型又是一个结构体类型示例。示例代码如下：

```
struct Date
{
    int iMonth;
    int iDay;
    int iYear;
};
struct Student
{
```

```
        int      iStudentID;
        char     szName[20];
        char     cSex;
        struct Date     birthday;        //已经定义的另外一个结构体类型
        float    fScore;
    }stu1, stu2;
```

该例中结构体 Student 中的 birthday 又是一个结构体，如果要对 birthday 赋值，不可直接赋值，需要继续引用 birthday 的成员，对 birthday 的成员进行赋值，即可完成对 birthday 的赋值，如下所示：

```
    stu1. Birthday. iYear=2019;
    stu1. Birthday. iMonth =11;
    stu1. Birthday. iDay =18;
```

相同结构体类型的结构体变量可以互相赋值，例如：

```
    stu1=stu2
```

结构体变量的成员也可以像普通变量一样进行各种运算，例如：

```
    stu2.id= stu1.id+100;           //加法运算
    stu1.id++;                      //自加运算
    stu2.id= stu1.id;               //赋值运算
```

9.1.5 结构体数组

结构体数组与数值型数组的不同之处在于结构体数组的每个数组元素都是一个结构体数据类型，定义结构体数组的一般形式为：

```
    struct  结构体名  数组名[数组长度];
```

其中，struct 表示定义结构体数组的关键字；结构体名表示该数组的数据类型，该结构体需在定义数组前定义；数组名是该结构体数组的名称，数组长度表示该结构体数组的长度。

结构体数组的定义与使用如例 9-4 所示。

【例 9-4】 定义结构体数组示例。示例代码如下：

```
    #include <stdio.h>
    struct Student
    {
        int num;                //学号
        char name[20];          //姓名
        char sex;               //性别
        int age;                //年龄
        float score;            //成绩
    };
    int main()
    {
```

```
    struct Student stu[3];            //定义结构体数组stu
    return 0;
}
```

结构体数组在内存中的表现形式和普通数组类似，如例 9-4 中 stu 数组在内存中的表现形式，如图 9-1 所示。

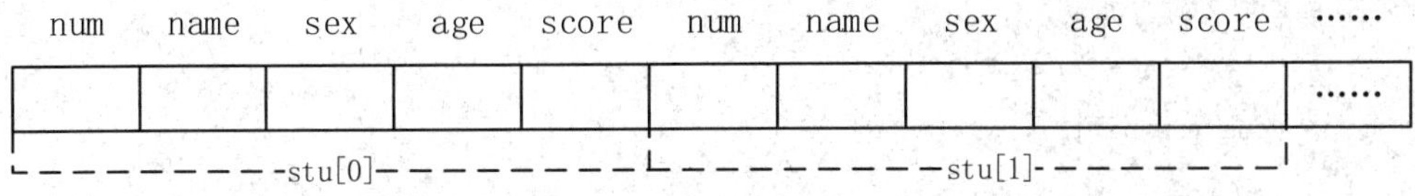

图 9-1　结构体数组在内存中的表现形式

结构体数组的初始化有两种方式，一种是在定义结构体和定义结构体变量的同时进行初始化，另一种是在定义结构体后，与定义结构体变量同时进行初始化，如下所示：

(1) 在定义结构体和定义结构体变量的同时进行初始化。代码如下：

```
struct Student
    {
        int num;
        char name[20];
        char sex;
        int age;
        float score;
    }stu[3] =   {{1001,"JiaZhiJie", 'M', 28, 88},
                 {1002,"ChenHuiFang", W, 29,66},
                 {1003,"JiaYiChen", 'M', 22, 77}};
```

(2) 在定义结构体后，与定义结构体变量同时进行初始化。代码如下：

```
#include <stdio.h>
struct Student
{
    int num;                //学号
    char name[20];          //姓名
    char sex;               //性别
    int age;                //年龄
    float score;            //成绩
};
int main()
{
    struct Student stu[3]={{1001,"JiaZhiJie", 'M', 28, 88},
                           {1002,"ChenHuiFang", 'W', 29,66},
                           {1003,"JiaYiChen", 'M', 22, 77}};
}
```

结构体数组元素是一个结构体，对结构体数组元素的引用，是对其元素成员的引用，首先需要通过数组下标引用到结构体，然后再引用其成员，如例 9-5 所示。

【例 9-5】 结构体数组元素的引用示例。示例代码如下：

```
# include <stdio.h>
#pragma warning(disable:4996);
struct STU
{
    char name[20];
    int age;
    char sex;
    char num[20];
};
void OutputSTU(struct STU stu[5]);
int main(void)
{
    int i;
    struct STU stu[5];
    for (i = 0; i < 5; ++i)
    {
        printf("请输入第%d个学生的信息:", i + 1);
        scanf("%s%d %c%s", stu[i].name, &stu[i].age, &stu[i].sex, stu[i].num);
    }
    OutputSTU(stu);
    return 0;
}
void OutputSTU(struct STU stu[5])
{
    struct STU stumax = stu[0];
    int j;
    for (j = 1; j < 5; ++j)
    {
        if (strcmp(stumax.num, stu[j].num) < 0)
        {
            stumax = stu[j];
        }
    }
    printf("学生姓名：%s 学生年龄：%d 学生性别：%c 学生学号：%s\n", stumax.name,
stumax.age, stumax.sex, stumax.num);
}
```

程序运行结果：

```
请输入第 1 个学生的信息:Tom 18 F 1001
请输入第 2 个学生的信息:Haimeimei 20   M 1002
请输入第 3 个学生的信息:Jak 21 F 1003
请输入第 4 个学生的信息:Jim 17 M 1004
请输入第 5 个学生的信息:Hell 21 F 1000
学生姓名：Jim 学生年龄：17 学生性别：M 学生学号：1004
```

程序解读：该例中定义了一个结构体 STU，该结构体包含 4 个成员，在主函数 main()中定义了一个 STU 类型的结构体数组 stu，该数组包含 5 个元素，每一个元素都是一个结构体，通过一个 for 循环给数组中的每一个元素赋值，赋值后将 5 个学生中学生学号值最大的学生信息通过 OutputSTU 函数打印输出。

9.1.6　结构体指针

在 C 语言中可以用一个指针指向一个结构体，如果一个指针指向一个结构体变量，那么该指针指向的是该结构体变量的内存地址，同样，一个指针也可以指向一个结构体数组。

1．指向结构体变量的指针

当一个指针指向一个结构体变量时，称该指针为结构体指针，定义结构体指针的一般形式为：

```
结构体名* 结构体指针名;
```

例如，定义一个指向 Student 类型结构体变量的结构体指针，如下所示：

```
struct Student* pStu;
```

给结构体指针赋值，是把结构体变量的内存地址赋值给结构体指针，不能把结构体名赋值给结构体指针，例如将结构体变量 stu1 的内存地址赋值给结构体指针 pStu：

```
pStu = &stu1;
```

使用结构体指针引用结构体变量成员的方法有以下两种方式：

(1) 使用点运算符“.”引用构体变量成员，其一般形式为：

```
(*结构指针).成员名
```

例如：

```
(*pStu).iStudentID
```

注意：*pStu 一定要加括号，因为点运算符的优先级是最高的，如果不加括号，会先执行点运算符，再执行*运算。

(2) 使用指向运算符“->”引用构体变量成员，其一般形式为：

```
结构体指针->成员名 ;
```

例如：

```
pStu->iStudentID
```

2．指向结构体数组的指针

结构体指针也可指向结构体数组，这时结构体指针指向的是结构体数组中的第一个元素的地址，如例 9-6 所示。

【例 9-6】 指向结构体数组的指针的示例。示例代码如下：

```
# include <stdio.h>
struct Student
{
    int num;                //学号
    char name[20];          //姓名
    char sex;               //性别
    int age;                //年龄
    float score;            //成绩
};

int main()
{
    struct Student stu[3];              //定义结构体数组
    struct   Student* pStu;
    pStu = stu;
    return 0;
}
```

在给结构体指针赋值时，可以直接将结构体数组的数组名赋值给结构体指针，这时数组名会自动转换为数组中第一个元素的内存地址。如果要让结构体指针指向数组的第二个元素，首先应使用数组下标引用到该元素，然后使用取址运算符“&”获取该元素的内存地址，并赋值给结构体指针，例如：

```
pStu=&stu[1];
```

当结构体指针指向一个结构体数组后，可以通过循环语句遍历数组中的每一个元素，继而获取结构体数组每一个元素的成员，如例 9-7 所示。

【例 9-7】 用结构体指针输出结构体数组的各元素成员示例。示例代码如下：

```
# include <stdio.h>
struct stu
{
    int num;
    char* name;
    char sex;
    float score;
} *ps, boy[5] =
{
```

```
        {101, "Zhou ping", 'M', 45},
        {102, "Zhang ping", 'M', 62.5},
        {103, "Liou fang", 'F', 92.5},
        {104, "Cheng ling", 'F', 87},
        {105, "Wang ming", 'M', 58}
    };
    int main()
    {
        printf("No\tName\t\tSex\tScore\t\n");
        for (ps = boy; ps < boy + 5; ps++)
                printf("%d\t%s\t%c\t%f\t\n", ps->num, ps->name, ps->sex, ps->score);
        return 0;
    }
```

程序运行结果：

```
No      Name        Sex     Score
101     Zhou ping    M      45.000000
102     Zhang ping   M      62.500000
103     Liou fang    F      92.500000
104     Cheng ling   F      87.000000
105     Wang ming    M      58.000000
```

虽然通过结构体指针可以引用到结构体变量或结构体数组元素的成员，但是却不能让结构体指针直接指向结构体成员，如以下写法是错误的：

```
ps=&boy[1].sex
```

9.1.7 结构体与函数

结构体变量、结构体数组都可以作为函数的参数，在主调函数与被调函数间传递。

函数间传递一个结构体变量，有以下 3 种形式：

(1) 用结构体变量作为参数传递。这种传递形式是按值传递的，形参与实参必须是同类型结构体，如果被传递的结构体很复杂并且很大，这种传递会增加内存的消耗，在程序设计中很少使用，如例 9-8 所示。

【例 9-8】 用结构体变量作为参数传递示例。示例代码如下：

```
#include <stdio.h>
#define FORMAT "%d\n%s\n%f\n%f\n%f\n"
struct Student                  //声明结构体类型Student
{
    int num;
    char cName[20];
    float fScore[3];
```

```
};
int main()
{
    void print(struct Student);         //函数声明，形参类型为结构体Student
    struct Student stu;                 //定义结构体变量
    stu.num = 1001;                     //以下5行对结构体变量各成员赋值
    strcpy(stu.cName, "JiaZhiJie");
    stu.fScore[0] = 77.5;
    stu.fScore[1] = 88;
    stu.fScore[2] = 98.5;
    print(stu);                         //调用print函数，输出stu各成员的值
    return 0;
}
void print(struct Student stu)
{
    printf(FORMAT, stu.num, stu.cName, stu.fScore[0], stu.fScore[1], stu.fScore[2]);
}
```

程序运行结果：

```
1001
JiaZhiJie
77.500000
88.000000
98.500000
```

(2) 用结构体变量的成员作为参数传递。这种传递形式与普通变量作为参数传递相同，属于“值传递”方式，形参与实参必须是同类数据类型，如例 9-9 所示。

【例 9-9】 用结构体变量的成员作为参数传递示例。示例代码如下：

```
#include <stdio.h>
struct Student
{
    int num;
    char cName[20];
    float fScore[3];
};
void print(char* cName)
{
    printf("cName : %s\n", cName);
}
int main()
```

```
{
    struct Student STU = { 1001,"JiaZhiJie",77.5,88,98.5 };
    print(STU.cName);
    return 0;
}
```

程序运行结果：

```
cName : JiaZhiJie
```

(3) 用指向结构体变量的指针作为参数传递。这种传递形式将结构体变量的地址传递给被调函数，形参与实参共同指向同一块内存单元，没有增加系统内存的开销，通常使用这种形式传递一个结构体变量，如例 9-10 所示。

【例 9-10】 用指向结构体变量的指针作为参数传递示例。示例代码如下：

```
#include <stdio.h>
#define FORMAT "%d\t%s\t%f\t%f\t%f\n"
struct Student
{
    int num;
    char cName[20];
    float fScore[3];
}stu = { 1001,"JiaZhiJie",77.5,88,98.5 }; //定义结构体student变量stu并赋初值
int main()
{
    void print(struct Student*);         //函数声明，形参为指向Student类型数据的指针变量
    struct    Student* pt = &stu;        //定义基类型为Student的指针变量pt，并指向stu
    print(pt);                           //实参为指向Student类数据的指针变量
    return 0;
}
//定义函数，形参p是基类型为Student的指针变量
void print(struct    Student* p)
{
    printf(FORMAT, p->num, p->cName, p->fScore[0], p->fScore[1], p->fScore[2]);
}
```

程序运行结果：

```
1001    JiaZhiJie       77.500000       88.000000       98.500000
```

函数间传递一个结构体数组，有以下 3 种形式：

(1) 用结构体数组元素作为参数传递。这种传递形式是按值传递的，形参与实参必须是同类型结构体，如果被传递的结构体数组元素很复杂并且很大，这种传递会增加内存的消耗，在程序设计中很少使用，如例 9-11 所示。

【例 9-11】 用结构体数组元素作为参数传递示例。示例代码如下：

```
#include <stdio.h>
#define FORMAT "%d\t%s\t%c\t%d\t%f\n"
struct Student
{
    int num;            //学号
    char name[20];      //姓名
    char sex;           //性别
    int age;            //年龄
    float score;        //成绩
};
int main()
{
    void print(struct Student);
    struct Student stu[3] = { {1001,"JiaZhiJie", 'M', 28, 88},
                              {1002,"ChenHuiFang", 'W', 29,66},
                              {1003,"JiaYiChen", 'M', 22, 77} };
    print(stu[0]);
}
void print(struct Student stu)
{
    printf(FORMAT, stu.num, stu.name, stu.sex, stu.age, stu.score);
}
```

程序运行结果：

```
1001    JiaZhiJie    M    28    88.000000
```

(2) 用结构体数组元素的成员作为参数传递。这种传递形式是按值传递的，形参与实参必须是同类数据类型，如例 9-12 所示。

【例 9-12】 用结构体数组元素的成员作为参数传递示例。示例代码如下：

```
#include <stdio.h>
struct Student
{
    int num;            //学号
    char name[20];      //姓名
    char sex;           //性别
    int age;            //年龄
    float score;        //成绩
};
int main()
{
```

```
    void print(int num);
    struct Student stu[3] = { {1001,"JiaZhiJie", 'M', 28, 88},
                              {1002,"ChenHuiFang", 'W', 29,66},
                              {1003,"JiaYiChen", 'M', 22, 77} };
    print(stu[0].num);
}
void print(int num)
{
    printf("num : %d\n", num);;
}
```

程序运行结果：

```
num : 1001
```

(3) 用指向结构体数组的指针作为参数传递。这种传递形式将结构体数组的地址传递给被调函数，形参与实参共同指向同一块内存单元，没有增加系统内存的开销，通常使用这种形式传递一个结构体数组，如例 9-13 所示。

【例 9-13】 用指向结构体数组的指针作为参数传递示例。示例代码如下：

```
#include <stdio.h>
#define FORMAT "%d\t%s\t%c\t%d\t%f\n"
struct Student
{
    int num;             //学号
    char name[20];       //姓名
    char sex;            //性别
    int age;             //年龄
    float score;         //成绩
};
int main()
{
    void print(struct   Student* p);
    struct Student stu[3] = { {1001,"JiaZhiJie", 'M', 28, 88},
                              {1002,"ChenHuiFang", 'W', 29,66},
                              {1003,"JiaYiChen", 'M', 22, 77} };
    struct   Student* pt = stu;
    print(pt);
}
void print(struct   Student*p)
{
    for (int i= 0; i < 3 ; i++)
```

```
        printf(FORMAT, p[i].num, p[i].name, p[i].sex, p[i].age, p[i].score);
    }
```

程序运行结果：

```
1001    JiaZhiJie      M      28      88.000000
1002    ChenHuiFang    W      29      66.000000
1003    JiaYiChen      M      22      77.000000
```

9.2 共 用 体

共用体也称为联合体，也是一种数据类型，是一种能在同一个存储空间里(但不同时)存储不同类型数据的数据类型。共用体与结构体类似，是一种复合数据类型，区别在于结构体可以同时存储多个数据，而共用体同时只能存储一个数据。

9.2.1 共用体的定义

共用体也是一种"构造"出来的新数据类型，在使用之前必须先定义，也就是构造它，其定义的一般形式为：

```
union 共用体名
{
    成员列表
};
```

其中，union 表示定义共用体的关键字；共用体名表示该数据类型的名称；成员列表表示该数据类型所包含的成员，每个成员都是一个基本类型或是一个已定义的其他数据类型，成员必须做类型说明，其形式为：

```
类型说明符 共用体成员名;
```

共用体成员的数据类型，可以相同，也可以不同，如下所示：

```
union demo
{
    int x;
    char y[10];
    int y;
};
```

9.2.2 共用体变量的定义

定义共用体变量有三种形式：

(1) 定义共用体时定义共用体变量。其形式为：

```
union 共用体名
{
```

```
    成员变量
}共用体变量 1, 共用体变量 2;
```

(2) 先定义共用体，再定义共用体变量。其形式为：

```
union 共用体名
{
    成员列表
};
union 共用体名 共用体变量 1, 共用体变量 2;
```

(3) 匿名定义共用体的同时定义共用体变量。其形式为：

```
union
{
    成员列表
}共用体变量 1;
```

结构体占用的内存空间等于所有成员占用的内存空间的总和，共用体占用的内存空间等于数据类型最长的成员占用的内存空间，共用体使用了内存覆盖技术，同一时刻只能保存一个成员的值，如果对新的成员赋值，就会把原来成员的值覆盖掉。

在例 9-14 所示的共用体中，成员 f 占用的内存空间最大，为 8 个字节，所以共用体变量 a、b、c 也都占用了 8 个字节的内存空间。

【例 9-14】 共用体的大小由其成员中最长数据类型决定。代码如下：

```
union {
    int n;
    char ch;
    double f;
} a, b, c;
```

9.2.3 共用体变量的引用

共用体变量的引用是指引用其成员，引用没有被初始化或赋值的成员没有意义，其引用一般形式为：

```
共用体变量.成员名;
```

9.3 枚 举

在实际问题中，有些属性的取值被限定在一个有限的范围内，例如，一个星期内只有七天、一年只有十二个月、一个班每周有六门课程等等，如果把这些量说明为整型、字符型或其他类型显然是不妥当的。为此，C 语言提供了一种被称为“枚举”的类型，在“枚举”类型的定义中列举出所有可能的取值，被说明为该“枚举”类型的变量取值不能超过定义的范围。

9.3.1 枚举的定义

枚举定义的一般形式为：

```
enum    typeName{ valueName1, valueName2, valueName3, ...... };
```

其中，enum 是定义枚举类型的关键字；typeName 是枚举的名字；valueName1, valueName2, valueName3, ...是枚举元素列表。

例如，定义一个表示星期的枚举：

```
enum week{ Mon, Tues, Wed, Thurs, Fri, Sat, Sun };
```

其中，week 表示枚举的名称，“Mon, Tues, Wed, Thurs, Fri, Sat, Sun”表示 week 这个枚举数据类型所包含的元素。

每一个枚举元素都有一个默认的值，默认从 0 开始编码，如 Mon 的值为 0、Tues 的值为 1,、Wed 的值为 2 等，以此类推。

9.3.2 枚举变量的定义

定义了枚举只是定义了数据类型，要使用枚举，需要定义枚举变量，定义枚举变量有如下 3 种方式：

(1) 先定义枚举，再定义枚举变量，例如：

```
enum Season {spring, summer, autumn, winter};
enum Season s;
```

(2) 定义枚举的同时定义枚举变量，例如：

```
enum Season {spring, summer, autumn, winter} s;
```

(3) 省略枚举名称，直接定义枚举变量(匿名定义)，例如：

```
enum {spring, summer, autumn, winter} s;
```

9.3.3 枚举变量的引用

枚举变量定义后可以对其引用，枚举变量的引用，直接引用其变量名称即可，如例 9-15 所示。

【例 9-15】 枚举变量引用示例。示例代码如下：

```
#include <stdio.h>
int main() {
    enum week { Mon, Tues, Wed, Thurs, Fri, Sat, Sun } day1, day2;
    day1 = Sun;
    day2 = day1;
    printf("%d\n%d\n", day1, day2);
    return 0;
}
```

程序运行结果：

```
6
6
```

只能把枚举元素赋值给枚举变量，不能把元素的值赋值给枚举变量，如：

```
day1=6;    //错误的赋值方式
```

正确的赋值方法是：

```
day1=Sun;    //正确的赋值方式
```

如果一定要把枚举元素值赋值给枚举变量，则必须使用强制类型转换，如：

```
day1=(enum week)6;  //正确的赋值方式
```

9.4　使用 typedef 定义新数据类型名称

在 C 语言中可以使用 typedef 为一个已存在的数据类型定义一个新的名称，已存在的数据类型包括 C 语言内置的数据类型和用户自定义的数据类型，定义后就可以直接使用新数据类型名称定义变量或数组等。

使用 typedef 为 C 语言内置的数据类型定义一个新的名称，如：

```
typedef   int Integer;         //为系统内置的 int 数据类型，定义了一个新的名称为 Integer
typedef   char   Character; //为系统内置的 char 数据类型，定义了一个新的名称为 Character
```

使用 typedef 为用户自定义的数据类型定义一个新的名称，如：

```
typedef   struct stu {
    char* name;     //姓名
    int num;        //学号
    int age;        //年龄
    char group;     //所在学习小组
    float score;    //成绩
}Student;
```

以上代码为结构体 stu 定义了一个新的名称为 Student。

在 C 语言中有一些复杂的数据类型，其定义过程也相对复杂，这时可以用 typedef 给这些复杂的数据类型定义起一个简单的名称，以便程序设计使用。

为数组类型定义一个新名称，如：

```
typedef int Numbers[10];
```

以上表示为定义包含 10 个元素的整型数组，定义一个新的名称为 Numbers，定义后就可以直接使用该名称定义数组，如：Numbers n，表示定义了一个整型数组 n，n 包含 10 个元素。

为函数指针定义一个新名称，如：

```
typedef int (*Pointer)();
```

以上表示为定义一个函数指针，定义一个新的名称为 Pointer，该函数的返回值是整型数据，定义后就可以直接使用该名称定义函数指针，如：Pointer p，表示定义了一个函数指针，该指针指向的是一个返回值类型为整型的函数。

灵活运用 typedef 可以使程序设计变得简单、灵活，读者可以尝试在其他复杂数据类型定义过程中的 typedef 运用，用 typedef 处理的程序一定要注意添加注释，不然后期阅读程序很困难。

本章小结

本章主要讲解了 C 语言中结构体、共用体、枚举数据类型的定义与使用，结构体是多种数据类型组合的复合数据类型；共用体也是由多种数据类型构成的，但与结构体的本质区别在于：共用体每次只能存储一个数据，结构体每次可以存储多个数据；本章还讲解了枚举数据类型的定义与使用。结构体、共用体、枚举数据类型的灵活运用可以提高编程效率，在实际应用中要多思考，在待解决问题中抽象出符合实际应用的结构体数据、共用体数据、枚举型数据；本章最后讲解了 typedef 的使用方法，灵活运用 typedef 可以使程序设计变得简单、灵活，在掌握了 C 语言基础后，读者可以尝试使用 typedef 对程序进行优化。

本章重点应掌握结构体、共用体、枚举型数据类型的定义与使用，理解结构体与共用体的异同。

习　题

1. 定义一个学生结构体数据类型，并定义 5 个结构体变量，将其初始化后打印输出。

2. 设有一个教师与学生通用的表格，教师数据有姓名、年龄、职业、教研室四项。学生有姓名、年龄、专业、班级四项。要求用共用体与结构体类型编程实现。

3. 某次比赛的结果有四种可能：胜(win)，负(lose)，平(tie)，弃权(cancel)，编写程序顺序输出这四种情况。要求用枚举数据类型编程实现。

第 10 章　文件操作

文件是一组相关数据的有序集合，集合以集合名命名，称之为文件名。文件通常驻留在外部介质(如磁盘等)中，在计算机的应用领域中，数据处理是计算机程序的基本功能，数据处理过程中往往会涉及对文件中数据的处理，文件中的数据和程序中的数据操作不同，需要打开文件、读取数据、关闭文件等操作。本章将介绍在 C 语言中进行文件操作的相关知识点。

10.1 文件指针

在 C 语言中可用一个指针指向一个文件，这个指针称为文件指针。文件指针类型为 FILE 型，通过文件指针就可对它所指向的文件进行各种操作。

定义文件指针的一般形式为：

```
FILE *指针变量标识符;
```

其中 FILE 应为大写，它实际上是系统定义的一个结构体，该结构体中含有文件名、文件状态和文件当前位置等信息，如下所示：

```
typedef    struct
{
    short level;                //缓冲区“满”或“空”的程度
    unsigned flags;             //文件状态标志
    char fd;                    //文件描述符
    unsigned char hold;         //如缓冲区无内容则不读取字符
    short bsize;                //缓冲区的大小
    unsigned char *buffer;      //数据缓冲区的位置
    unsigned ar *curp;          //指针当前的指向
    unsigned istemp;            //临时文件指示器
    short token;                //用于有效性检查
}FILE;
```

文件打开时，系统自动创建文件结构体变量，并把指向它的指针返回，程序通过这个指针获得文件相关信息，文件关闭后，该文件结构体变量被释放。

10.2 文件的打开与关闭

文件在进行读写操作之前要先打开，使用完后要关闭。所谓打开文件，实际上是读取文件的各种相关信息，并使文件指针指向该文件，以便进行其他操作。关闭文件是指断开指针与文件之间的关联，这样也就禁止了再对该文件进行操作。

10.2.1 打开文件

打开文件就是让程序和文件建立连接的过程。由 fopen 库函数来完成文件的打开操作，调用的一般形式为：

```
FILE *fp=fopen(char *filename, char *mode);
```

其中，fp 表示被说明为 FILE 类型的指针变量；filename 表示被打开文件的文件名；mode 表示打开文件的"方式" + "文件类型"。

文件的打开方式如表 10-1 所示，文件类型如表 10-2 所示。

表 10-1 文件的打开方式参数表

方式	说　明
"r"	以“只读”方式打开文件。只允许读取，不允许写入。文件必须存在，否则打开失败
"w"	以“写入”方式打开文件。如果文件不存在，那么创建一个新文件；如果文件存在，那么清空文件内容(相当于删除原文件，再创建一个新文件)
"a"	以“追加”方式打开文件。如果文件不存在，那么创建一个新文件；如果文件存在，那么将写入的数据追加到文件的末尾(文件原有的内容保留)
"r+"	以“读写”方式打开文件。既可以读取文件内容也可以向文件写入内容，也就是随意更新文件。文件必须存在，否则打开失败
"w+"	以“写入/更新”方式打开文件，相当于 w 和 r+叠加的效果。既可以读取文件内容也可以向文件写入内容，也就是随意更新文件。如果文件不存在，那么创建一个新文件；如果文件存在，那么清空文件内容(相当于删除原文件，再创建一个新文件)
"a+"	以“追加/更新”方式打开文件，相当于 a 和 r+叠加的效果。既可以读取文件内容也可以向文件写入内容，也就是随意更新文件。如果文件不存在，那么创建一个新文件；如果文件存在，那么将写入的数据追加到文件的末尾(文件原有的内容保留)

表 10-2 文件类型参数表

类型	说　明
"t"	文本文件。如果不写，默认为 "t"
"b"	二进制文件

例如：

```
FILE *bjsxt=fopen("d:\\bjsxt2009bin ", "rb");
```

其意义是打开磁盘驱动器 D 根目录下的 bjsxt2009bin 文件，两个反斜线“\\”中的第一个表示转义字符，第二个表示根目录，文件是以“只读”方式打开，文件类型是二进制文件。

调用 fopen()函数时必须指明打开方式，可以不指明文件类型(此时默认为 "t")，打开方式和文件类型可以组合使用，但是必须将文件类型放在打开方式后边。

10.2.2 关闭文件

文件一旦使用完毕，应使用 fclose 函数把文件关闭，以释放相关资源，避免数据丢失。调用 fclose 函数的一般形式为：

```
int fclose(FILE *fp);
```

其中 fp 表示要关闭的文件指针。例如：

```
fclose(fp);
```

执行 fclose( )函数后，系统将缓冲区内存在的所有数据保存到文件中，并关闭文件，释放所有用于该流输入、输出缓冲区的内存空间，并返回值。正常完成关闭文件操作时，fclose 函数返回值为 0，如返回非零值则表示有错误发生。

当程序退出时，所有打开的文件都会自动关闭。尽管如此，还是应该在完成文件处理后，主动关闭文件，否则，一旦遇到非正常的程序终止，就可能会丢失数据。

10.2.3 文本文件与二进制文件的区别

文本文件是以文本的 ASCII 码形式存储在计算机中的，它是以“行”为基本结构的一种信息组织和存储方式；而二进制文件是以文本的二进制形式存储在计算机中，用户一般不能直接读懂它们，只能通过相应的软件才能将其显示出来。二进制文件一般是可执行程序、图像、音视频等文件。

文件一般由控制信息和内容信息两部分构成，文本文件不包括控制信息，二进制文件包括控制信息；文本文件可以看作是一个不包括控制信息的特殊二进制文件。

10.3 文件的顺序读写操作

文件的顺序读和写是最常用的文件操作方式，在 C 语言头文件 stdio.h 中提供了多种文件顺序读写函数，利用这些函数可以实现对文件的顺序读写操作。文件顺序读写函数如下：

- 字符读写函数：fgetc()和 fputc()；
- 字符串读写函数：fgets()和 fputs()；
- 数据块读写函数：freed()和 fwrite()；
- 格式化读写函数：fscanf()和 fprinf()。

10.3.1 字符读写函数 fgetc()和 fputc()

字符读写函数是以字符为单位的读写函数，每次可从文件读出或向文件写入一个字符。

1. 读字符函数 fgetc()

fgetc()函数的功能是从指定的文件中读一个字符。其调用的一般形式为：

```
char fgetc (FILE *fp);;
```

例如：

```
FILE *bjsxt;
char ch;
bjsxt =fopen("d:\\bjsxt2019.txt","rt");
ch=fgetc(bjsxt);
```

其意义是从打开的文件“bjsxt2019.txt”中读取一个字符并赋值给字符变量 ch。

使用 fgetc ()函数需要注意以下几点：

(1) 在 fgetc()函数调用中，读取的文件必须以读或读写方式打开。

(2) 在文件内部有一个位置指针，用来指向文件的当前读写字节，在文件打开时，该指针总是指向文件的第一个字节，使用 fgetc()函数读取一个字符后，该位置指针将向后移动一个字节，因此可连续多次使用 fgetc()函数，读取多个字符。

(3) 文件指针和文件内部的位置指针不同，文件指针指向整个文件，在程序中定义说明，只要不重新赋值，文件指针的值始终不变，文件内部的位置指针用以指向文件内部的当前读写位置，每读写一次，该指针均向后移动，它不需要在程序中定义说明，而是由系统自动定义。

运用循环语句循环读取文本文件中的内容，如例 10-1 所示。

【例 10-1】 循环读取文件内容。代码如下：

```
#include <stdio.h>
#include<stdlib.h>
#pragma warning(disable:4996);
int main()
{
    FILE* bjsxt;
    char ch;
    if ((bjsxt = fopen("d:\\SXT_Resources\\Demo10_1.txt", "rt")) == NULL)
    {
            printf("打开文件失败！");
            exit(1);
    }
    ch = fgetc(bjsxt);
    while (ch != EOF)
    {
            printf("%c", ch);
            ch = fgetc(bjsxt);
    }
```

```
        fclose(bjsxt);
    }
```

程序运行结果：

```
bjsxt.com
```

例 10-1 中的程序定义了一个指向“d:\\Demo10_1.txt”的文件指针，并运用 while 循环语句循环读取文件中的字符，循环结束的条件是文件内位置指针到达文件尾部。

2. 写字符函数 fputc()

fputc()函数的功能是把一个字符写入到指定的文件中。其调用的一般形式为：

```
char fputc ( char ch, FILE *fp );
```

其中，ch 可以是字符常量或变量，例如：

```
fputc('a', bjsxt);
```

其意义是把字符 a 写入到文件指针 bjsxt 所指向的文件。

使用 fputc()函数需要注意以下几点：

(1) 被写入的文件可以用写、读写、追加方式打开，用写或读写方式打开一个已存在的文件时将清空原有的文件内容，写入字符从文件首部开始，如需保留原有文件内容，将写入的字符从当前文件末尾开始存放，必须以追加方式打开文件。

(2) 当被写入的文件不存在时，则自动创建该文件。

(3) 每写入一个字符，文件内部位置指针向后移动一个字节。

(4) fputc()函数有一个返回值，如写入成功则返回写入的字符，否则返回"EOF"，可用此来判断写入是否成功。

从键盘输入一行字符，并将其写入文件，再把文件内容读出并显示在屏幕上，如例 10-2 所示。

【例 10-2】 将键盘输入的字符写入到文件中，并显示在屏幕上。代码如下：

```
#include <stdio.h>
#include<stdlib.h>
#pragma warning(disable:4996);
int main()
{
    FILE* bjsxt;
    char ch;
    if ((bjsxt = fopen("d:\\SXT_Resources\\Demo10_2.txt", "wt")) == NULL)
    {
            printf("打开文件失败！");
            exit(1);
    }
    printf("请输入一行字符:\n");
    ch = getchar();
    while (ch != '\n')
```

```
    {
        fputc(ch, bjsxt);
        ch = getchar();
    }
    fclose(bjsxt);
    bjsxt = fopen("d:\\SXT_Resources\\Demo10_2.txt", "rt");
    ch = fgetc(bjsxt);
    printf("文件内容为:\n");
    while (ch != EOF)
    {
        printf("%c", ch);
        ch = fgetc(bjsxt);
    }
    fclose(bjsxt);
}
```

程序运行结果：

```
请输入一行字符:
bjsxt
文件内容为:
bjsxt
```

10.3.2 字符串读写函数 fgets()和 fputs()

字符串读写函数是以一系列字符为读写单位的函数，每次可从文件读取或向文件写入一系列字符。

1．读字符串函数 fgets()

fgets()函数的功能是从指定的文件中读取一个字符串到字符数组中。其调用的一般形式为：

```
char *fgets ( char *str, int n, FILE *fp )
```

其中，str 为字符数组；n 为要读取的字符数目；fp 为文件指针。

例如：

```
fgets(str,n,fp);
```

其意义是从文件指针 fp 所指向的文件中读取 n−1 个字符到字符数组 str 中。

使用 fgets()函数时应注意以下两点：

(1) 在读取 n−1 个字符之前，如遇到了换行符或 "EOF"，则读取结束。

(2) fgets 函数也有返回值，其返回值是字符数组的首地址。

读取文件中的内容到一个字符数组中，并将内容显示在屏幕上，如例 10-3 所示。

【例 10-3】 读取文件中的内容到一个字符数组中，并将内容显示在屏幕上。代码如下：

```
#include<stdio.h>
#include<stdlib.h>
#pragma warning(disable:4996);
int main()
{
    FILE* bjsxt;
    char str[11];
    if ((bjsxt = fopen("d:\\SXT_Resources\\Demo10_3.txt", "rt")) == NULL)
    {
            printf("\n打开文件失败！　exit!");
            exit(1);
    }
    fgets(str, 11, bjsxt);
    printf("\n%s\n", str);
    fclose(bjsxt);
}
```

程序运行结果：

```
bjsxt.com
```

2. 写字符串函数 fputs()

fputs()函数的功能是向指定的文件中写入一个字符串，其调用的一般形式为：

```
int fputs( char *str, FILE *fp );
```

其中，str 为要写入的字符串，fp 为文件指针。写入成功返回非负数，写入失败返回"EOF"，例如：

```
fputs("abcd",fp);
```

其意义是把字符串“abcd”写入到文件指针 fp 所指向的文件中。

将键盘输入的一系列字符保存到文件中，并将内容显示在屏幕上，如例 10-4 所示。

【例 10-4】 将键盘输入的一系列字符保存到文件中，并将内容显示在屏幕上。代码如下：

```
#include<stdio.h>
#include<stdlib.h>
#pragma warning(disable:4996);
int main()
{
    FILE* bjsxt;
    char ch, st[20];
    if ((bjsxt = fopen("d:\\SXT_Resources\\Demo10_4.txt", "wt")) == NULL)
```

```
    {
        printf("打开文件失败!");
        exit(1);
    }
    printf("请输入内容:\n");
    scanf("%s", st);
    fputs(st, bjsxt);
    fclose(bjsxt);
    bjsxt = fopen("d:\\SXT_Resources\\Demo10_4.txt", "rt");
    ch = fgetc(bjsxt);
    printf("文件内容为:\n");
    while (ch != EOF)
    {
        putchar(ch);
        ch = fgetc(bjsxt);
    }
    printf("\n");
    fclose(bjsxt);
}
```

程序运行结果：

```
请输入内容:
bjsxt.com
文件内容为:
bjsxt.com
```

10.3.3 数据块读写函数 fread()和 fwrite()

C 语言还提供了用于整块数据的读写函数，可用来读写一组数据，如一个数组、一个结构变量等。

fread()函数用来从指定文件中读取块数据。所谓块数据，也就是若干个字节的数据，可以是一个字符，也可以是一个字符串；可以是多行数据，也可以是单行数据。其调用的一般形式为：

```
size_t fread ( void *ptr, size_t size, size_t count, FILE *fp );
```

fwrite()函数用来向文件中写入块数据。其调用的一般形式为：

```
size_t fwrite ( void * ptr, size_t size, size_t count, FILE *fp );
```

参数说明：

ptr：表示内存区块的地址，fread()中的 ptr 用来存放要读取数据块的地址，fwrite()中的 ptr 用来存放要写入数据块的地址。

size：表示数据块的字节数。

count：表示数据块的块数。

fp：表示文件指针。

size_t：是在 stdio.h 和 stdlib.h 头文件中使用 typedef 定义的数据类型，表示无符号整数，即非负数，常用来表示数量。

返回值：返回成功读写的块数，如果返回值小于计划读写的块数，对于 fwrite()函数来说，表示发生了写入错误，可以用 ferror()函数检测该错误；对于 fread()函数来说，可能由于读到了文件的末尾，发生了错误，可以用 ferror()函数或 feof()函数检测该错误。

fread()和 fwtrite()函数一般用于构造数据类型的读取与写入，如数组、结构体等，一次性可以读取或写入一块数据，如例 10-5 所示。

【例 10-5】 键盘输入两个学生数据，写入文件中，并读出这两个学生的数据显示在屏幕上。代码如下：

```
#include<stdio.h>
#include<stdlib.h>
#pragma warning(disable:4996);
#define N 2
struct stu {
    char name[10]; //姓名
    int num;   //学号
    int age;   //年龄
    float score;   //成绩
}stu1[N], stu2[N], * sp1, * sp2;
int main() {
    FILE* bjsxt;
    int i;
    sp1 = stu1;
    sp2 = stu2;
    if ((bjsxt = fopen("d:\\SXT_Resources\\Demo10_5.txt", "wb+")) == NULL) {
            puts("打开文件失败!");
            exit(0);
    }
    //从键盘输入数据
    printf("请输入内容:\n");
    for (i = 0; i < N; i++, sp1++) {
            scanf("%s %d %d %f", sp1->name, &sp1->num, &sp1->age, &sp1->score);
    }
    //将数组 boya 的数据写入文件
    fwrite(stu1, sizeof(struct stu), N, bjsxt);
    //将文件指针重置到文件开头
```

```
    rewind(bjsxt);
    //从文件读取数据并保存到数据 boyb
    fread(stu2, sizeof(struct stu), N, bjsxt);
    //输出数组 boyb 中的数据
    for (i = 0; i < N; i++, sp2++)
    {
        printf("%s   %d   %d   %f\n", sp2->name, sp2->num, sp2->age, sp2->score);
    }
    fclose(bjsxt);
    return 0;
}
```

程序运行结果：

```
请输入内容:
Tom 3 16 90
Jim 5 20 80
Tom   3   16   90.000000
Jim   5   20   80.000000
```

10.3.4 格式化读写函数 fscanf()和 fprintf()

fscanf()函数和 fprintf()函数与 scanf()和 printf()函数的功能相似，都是格式化读写函数。两者的区别在于 fscanf()函数读取的不是键盘输入的数据而是文件中的数据，fprintf()函数输出的不是显示器而是文件。这两个函数的原型为：

```
int fscanf ( FILE *fp, char * format, ... );
int fprintf ( FILE *fp, char * format, ... );
```

其中，fp 为文件指针；format 为格式控制字符串；fprintf()函数返回成功写入的字符的个数，失败则返回负数；fscanf()函数返回参数列表中被成功赋值的参数个数。

fscanf()函数和 fprintf()函数在进行读写文件时可以带有格式，可以灵活控制读写样式，如例 10-6 所示。

【例 10-6】 用 fscanf()和 fprintf()函数来完成对学生信息的读写。代码如下：

```
#include<stdio.h>
#include<stdlib.h>
#pragma warning(disable:4996);
#define N 2
struct stu {
    char name[10];
    int num;
    int age;
```

```
    float score;
} stu1[N], stu2[N], * sp1, * sp2;
int main() {
    FILE* bjsxt;
    int i;
    sp1 = stu1;
    sp2 = stu2;
    if ((bjsxt = fopen("d:\\SXT_Resources\\Demo10_6.txt", "wt+")) == NULL) {
        puts("打开文件失败!");
        exit(0);
    }
    //从键盘读入数据，保存到boya
    printf("请输入内容:\n");
    for (i = 0; i < N; i++, sp1++) {
        scanf("%s %d %d %f", sp1->name, &sp1->num, &sp1->age, &sp1->score);
    }
    sp1 = stu1;
    //将boya中的数据写入到文件
    for (i = 0; i < N; i++, sp1++) {
        fprintf(bjsxt, "%s %d %d %f\n", sp1->name, sp1->num, sp1->age, sp1->score);
    }
    //重置文件指针
    rewind(bjsxt);
    //从文件中读取数据，保存到boyb
    for (i = 0; i < N; i++, sp2++) {
        fscanf(bjsxt, "%s %d %d %f\n", sp2->name, &sp2->num, &sp2->age, &sp2->score);
    }
    sp2 = stu2;
    //将boyb中的数据输出到显示器
    for (i = 0; i < N; i++, sp2++) {
        printf("%s    %d    %d    %f\n", sp2->name, sp2->num, sp2->age, sp2->score);
    }
    fclose(bjsxt);
    return 0;
}
```

程序运行结果：

```
请输入内容:
Tom 3 16  90
```

```
Jim 5 20 80
Tom  3   16   90.000000
Jim   5   20   80.000000
```

10.4 文件的定位读写操作

前面介绍的对文件的读写方式都是顺序读写，即读写文件只能从头开始，顺序读写数据，但在实际问题中常要求只读写文件中某一指定的部分。为了解决这个问题可移动文件内部的位置指针到需要读写的位置，再进行读写，这种读写称为定位读写。实现定位读写的关键是要按要求移动位置指针，这种方式称为文件定位。

10.4.1 文件定位

文件定位是指移动文件内部的位置指针。移动文件内部的位置指针的函数主要有两个，即 rewind()和 fseek()。

rewind()：用来将位置指针移动到文件开头，它的原型为：

```
void rewind ( FILE *fp );
```

fseek()：用来将位置指针移动到任意位置，它的原型为：

```
int fseek ( FILE *fp, long offset, int origin );
```

参数说明：

fp：表示一个文件指针。

offset：表示偏移量，也就是要移动的字节数，之所以是 long 类型，是希望移动的范围更大。能处理的文件更大，offset 为正时，表示向后移动，offset 为负时，表示向前移动。当用常量表示偏移量时，常量需要加后缀“L”。

origin：表示起始位置，也就是从何处开始计算偏移量，C 语言中规定的起始位置有三个，分别为文件开头、当前位置和文件末尾，每个位置都有对应的常量名来表示，如表 10-3 所示。

表 10-3　C 语言规定的起始位置

起始位置	常量名	常量值
文件首	SEEK_SET	0
当前位置	SEEK_CUR	1
文件末尾	SEEK_END	2

例如，把位置指针移动到离文件开头 50 个字节处，代码为：

```
fseek(fp, 50L, 0);
```

10.4.2　文件的定位读写

在移动位置指针之后，即可用前面介绍的任一种读写函数进行读写，一般是读写一个数据块，因此常用 fread()和 fwrite()函数，如例 10-7 所示。

【例 10-7】 键盘输入三个学生信息保存到文件中，并读取第二个学生的信息。代码如下：

```
#include<stdio.h>
#include<stdlib.h>
#pragma warning(disable:4996);
#define N 3
struct stu
{
    char name[10]; //姓名
    int num;   //学号
    int age;   //年龄
    float score;   //成绩
} stus[N], stu, * pstus;
int main()
{
    FILE* bjsxt;
    int i;
    pstus = stus;
    if ((bjsxt = fopen("d:\\SXT_Resources\\Demo10_7.txt", "wb+")) == NULL)
    {
            printf("打开文件失败!\n");
            exit(1);
    }
    printf("请输入内容:\n");
    for (i = 0; i < N; i++, pstus++)
    {
            scanf("%s %d %d %f", pstus->name, &pstus->num, &pstus->age, &pstus->score);
    }
    fwrite(stus, sizeof(struct stu), N, bjsxt);          //写入三条学生信息
    fseek(bjsxt, sizeof(struct stu), SEEK_SET);     //移动位置指针
    fread(&stu, sizeof(struct stu), 1, bjsxt);          //读取一条学生信息
    printf("%s   %d   %d %f\n", stu.name, stu.num, stu.age, stu.score);
    fclose(bjsxt);
    return 0;
}
```

程序运行结果：

```
请输入内容:
Tom 1 18 90
Jim 2 22 85
Jak 3 25 95
Jim    2    22 85.000000
```

10.5 文件的检测函数

前面讲解了对文件的各种读写操作，在读写过程中，由于读写的方法不当，可能会发生各种错误，所以在读写过程中需要进行文件的检测，控制错误的发生。C 语言中常用的文件检测函数有 3 个，分别为 feof()、ferror()、clearerr()。

10.5.1 文件结束检测函数 feof()

文件结束检测函数 feof()的原型如下：

```
int feof(FILE *fp);
```

函数 feof()只用于检测流文件，当文件内部的位置指针指向文件末尾时，并未立即指向文件结束标记，只有再执行一次读文件操作，才会指向结束标志，此后调用 feof()函数会返回真值，如例 10-8 所示。

【例 10-8】 运用 feof()函数检测文件结束。代码如下：

```
#include<stdio.h>
#include<stdlib.h>
#pragma warning(disable:4996);
int main(void)
{
    FILE* bjsxt = NULL;
    char c;
    bjsxt = fopen("d:\\SXT_Resources\\Demo10_8.txt", "r");
    if (bjsxt == NULL)
    {
            printf("打开文件失败.\n");
            exit(1);
    }
    while (!feof(bjsxt))
    {
            c = fgetc(bjsxt);
            printf("%c：\t%x\n", c, c);
```

```
        }
        fclose(bjsxt);
        bjsxt = NULL;
    }
```

程序运行结果：

```
    b：       62
    j：       6a
    s：       73
    x：       78
    t：       74
     ：       ffffffff
```

这里假设“Demo10_8.txt”文件中存储的是“bjsxt”，从表面上看，该示例代码的输出结果应该是“bjsxt”。但实际情况并非如此，最终输出结果会多输出一个结束字符 EOF(EOF 是非可视字符，只能打印其值：ffffffff)。

10.5.2　读写文件出错检测函数 ferror()

读写文件出错检测函数 ferror()的原型如下：

```
int ferror(FILE *stream);
```

ferror(FILE *stream)只用于检测给定流的错误，如果发生错误返回一个非零值，否则返回一个零值，如例 10-9 所示。

【例 10-9】 运用 ferror()函数检测文件读写错误。代码如下：

```
#include <stdio.h>
#include<stdlib.h>
#pragma warning(disable:4996);
int main()
{
    FILE* bjsxt;
    char c;
    bjsxt = fopen("d:\\SXT_Resources\\Demo10_9.txt", "w");
    c = fgetc(bjsxt);
    if (ferror(bjsxt))
    {
        printf("读取文件：Demo10_9.txt 时发生错误\n");
    }
    fclose(bjsxt);
    return(0);
}
```

程序运行结果：

```
读取文件：Demo10_9.txt 时发生错误
```

Demo10_9.txt 是一个空文件，试图读取一个以只写模式打开的文件，将产生错误。

10.5.3 文件出错标志和文件结束标志归零函数 clearerr()

文件出错标志和文件结束标志归零函数 clearerr( )的原型如下：

```
void clearerr(FILE *stream)
```

clearerr()函数的作用是使文件错误标志和文件结束标志归零，假设在调用一个输入输出函数时出现了错误，ferror()函数值为一个非零值，在调用 clearerr()函数后，ferror()函数的值会归零。在文件操作过程中只要出现错误标志，就一直保留，直到对同一文件调用 clearerr()函数或 rewind()函数，或任何一个输入输出函数，才可以继续处理该文件，如例 10-10 所示。

【例 10-10】 运用 clearerr()归零在文件读写过程中的错误。代码如下：

```
#include <stdio.h>
#include<stdlib.h>
#pragma warning(disable:4996);
int main()
{
    FILE* bjsxt;
    bjsxt = fopen("d:\\SXT_Resources\\Demo10_10.txt", "r");
    if (bjsxt == NULL)
            perror("打开文件失败");
    else
    {
            fputc('x', bjsxt);
            if (ferror(bjsxt))
            {
                    printf("写入文件时发生错误\n");
                    clearerr(bjsxt);
            }
            fgetc(bjsxt);
            if (!ferror(bjsxt))
                    printf("读取文件时没有发生错误！\n");
            fclose(bjsxt);
    }
    return 0;
}
```

程序运行结果：

```
写入文件时发生错误
读取文件时没有发生错误!
```

由于使用了 clearerr()函数，所以程序可以继续执行后面的语句。

本章小结

本章主要讲解了 C 语言中对文件的操作，包括文件的打开、关闭、读取等。文件的读取主要讲解了顺序读取与定位读取两种方式。在文件顺序读取中主要讲解了字符读写函数 fgetc()和 fputc()、字符串读写函数 fgets()和 fputs()、数据块读写函数 fread()和 fwtrite()、格式化读写函数 fscanf()和 fprintf()。在文件定位读取中主要讲解了使用 rewind()和 fseek()函数进行文件的定位。在文件对文件的读写过程中，由于读写方法的不当，可能会发生各种错误。本章还讲解了常用的文件检测函数，包括文件结束检测函数 feof()、读写文件出错检测函数 ferror()，文件出错标志和文件结束标志归零函数 clearerr()。通过这些常用的文件检测函数可以有效地避免由于读写方法的不当所造成的程序运行错误。

本章重点应掌握文件的打开与关闭、文件的顺序读写以及文件的定位读写。

习　题

1．编写程序，实现两个文本文件间的内容拷贝。

2．编写程序，定义 3 个如例 10-5 中 stu 结构体类型的变量，并初始化 3 个变量，将初始化后的数据写入到一个二进制文件中。

3．编写程序，采用结构体将学生信息存储到文件中，通过键盘输入 5 个学生的信息，并存储到文件中，最后根据键盘输入的序号，动态定位读取学生信息。

第 11 章　程 序 调 试

程序调试是将编制的程序在投入实际生产环境前，用手工或编译等方法进行调试，修正语法错误和逻辑错误的过程，是保证程序可用性的必不可少的步骤。

在调试的过程中，可以监控程序的每一个细节，包括变量的值、函数的调用过程、内存中数据、线程的调度等，从而发现隐藏的错误或者低效的代码。

11.1　断 点 调 试

程序在默认状态下是按照固有的逻辑关系逐行执行的，如果要观察程序执行的内部细节，就得让程序在某个地方停下来，暂定执行，这时计算机保存了暂停时程序的各种状态，这种让程序停下来调试的技术，就称为断点调试。

11.1.1　插入断点

进行断点调试首先要插入断点，如图 11-1 所示。在程序的第 8 行插入了断点。

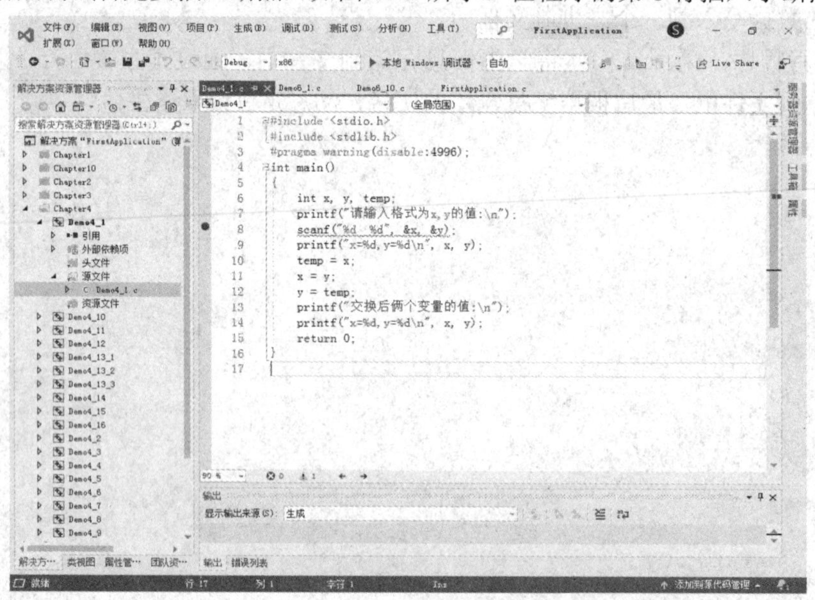

图 11-1　插入断点

插入断点的方式有以下 3 种：

(1) 将鼠标光标定位到要插入断点的行，按键盘的“F9”键，即可在该行插入断点。

(2) 将鼠标光标定位到要插入断点的行，点击鼠标右键，依次选择【断点】→【插入断点】，如图 11-2 所示。

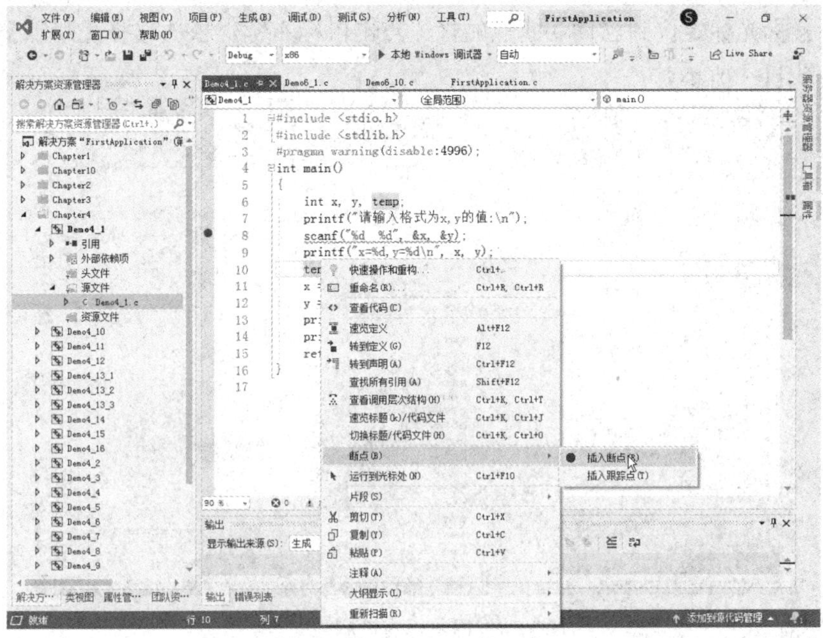

图 11-2　用鼠标右键插入断点

(3) 在要插入断点的行首点击鼠标左键，插入断点。如图 11-3 所示，在第 12 行行首点击鼠标左键，插入断点。

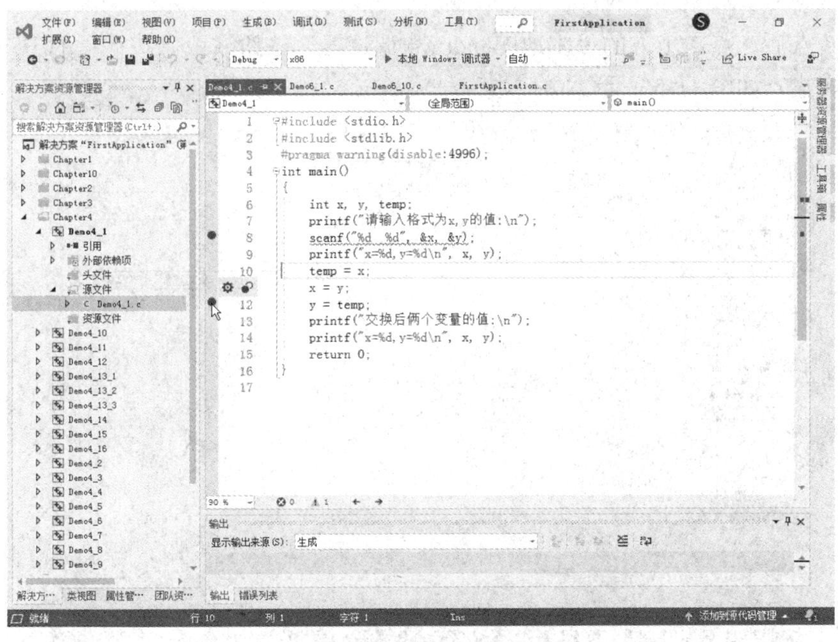

图 11-3　点击行首插入断点

11.1.2 删除断点

如果程序完成了调试，需要删除断点，有以下 3 种方式：

(1) 将鼠标光标定位到已插入断点的行，按键盘的“F9”键，即可删除该行断点。

(2) 将鼠标光标定位到已插入断点的行，点击鼠标右键，依次选择【断点】→【删除断点】，如图 11-4 所示。

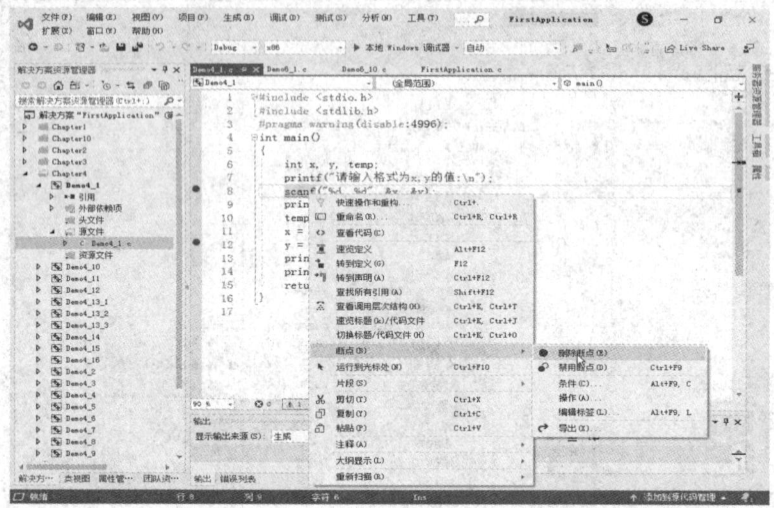

图 11-4 用鼠标右键删除断点

(3) 在已插入断点的行的行首，点击断点红色图标，即可删除断点。

11.1.3 断点的应用

插入断点后，点击上方的“本地 Windows 调试器”按钮，或者按键盘的 F5 键，即可进入调试模式，如图 11-5 所示。

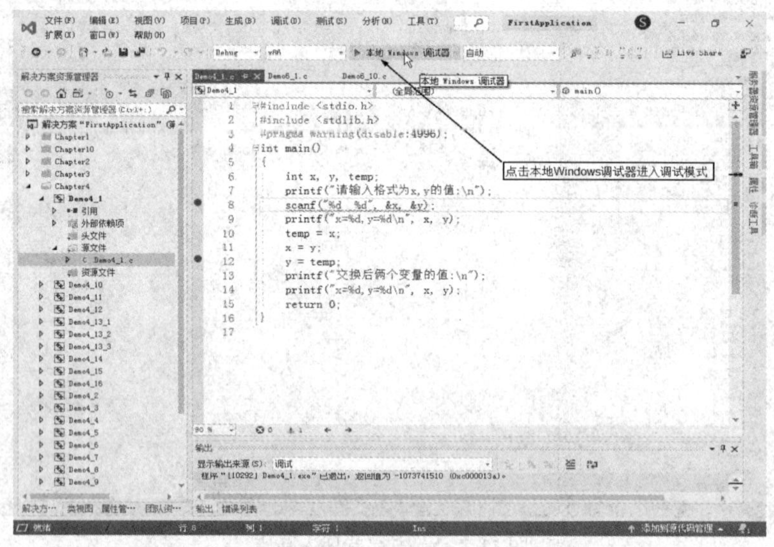

图 11-5 点击“本地 Windows 调试器”进入调试模式

程序进入调试模式后会暂停到第一个断点处，并在暂停断点处显示黄色箭头，如图 11-6 所示。

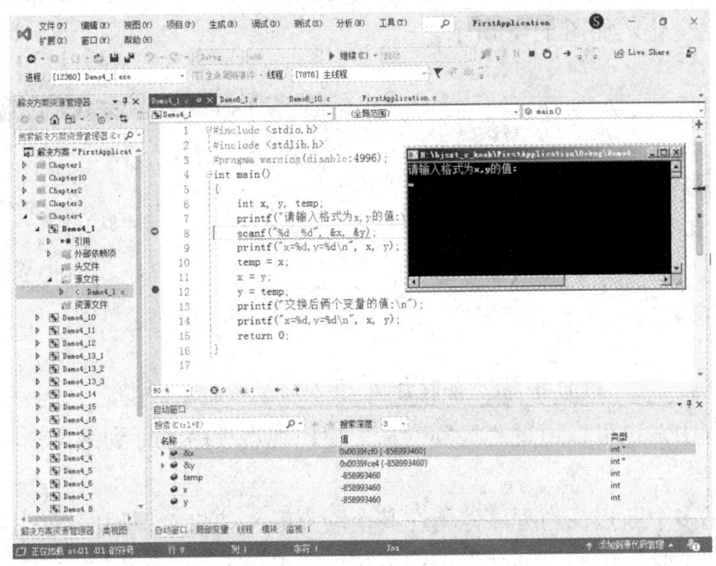

图 11-6 程序进入调试模式

程序停到断点处后，在 Visual Studio 的下方会出现与调试相关的窗口，如自动窗口、输出窗口、局部变量窗口等。常用的窗口功能如下：

- 调用堆栈窗口：用于查看当前函数的调用关系。
- 断点窗口：用于查看设置的所有断点。
- 即时窗口：用于临时运行一段代码。
- 输出窗口：用于显示程序的运行过程，给出错误信息和警告信息。
- 自动窗口：用于显示当前行和上一行中的变量。
- 局部变量窗口：用于显示当前函数中的所有局部变量。

这些窗口可以通过 Visual Studio 菜单的“调试”项控制打开或关闭，如图 11-7 所示。

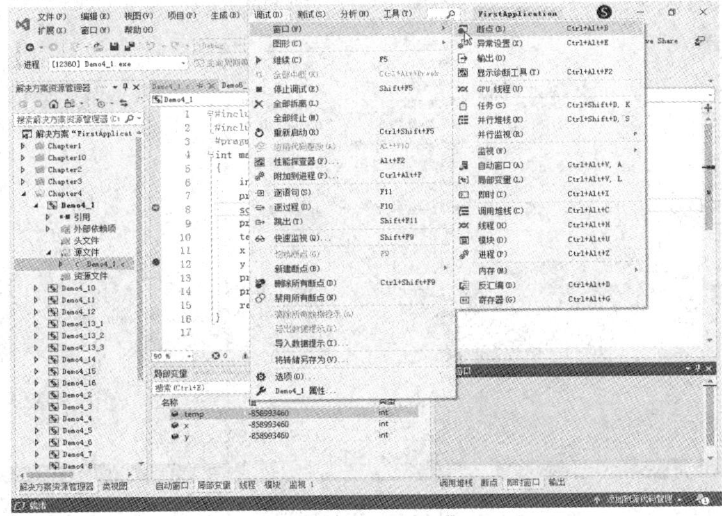

图 11-7 “调试”相关窗口的设置

可以通过“即时窗口”对局部变量进行赋值，赋值后可以通过“局部变量”窗口观察变量值的变化，如在“即时窗口”中输入“x=100”、“y=200”后，“局部变量”窗口中的局部变量将发生变化，如图 11-8 所示。

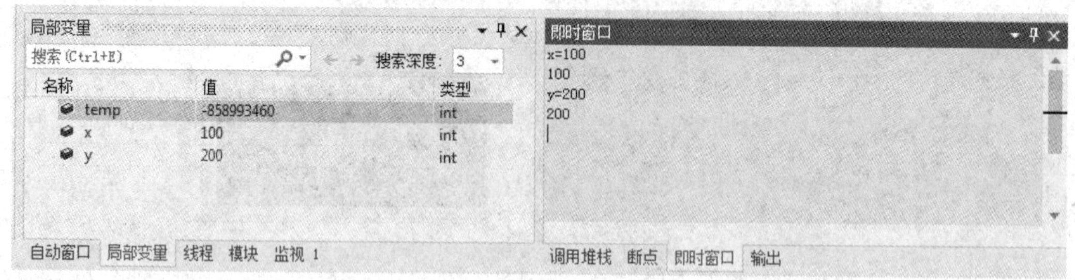

图 11-8　在“即时窗口”中对局部变量进行赋值

在调试过程中，也可以通过“局部变量”窗口观察程序运行到某一个阶段时局部变量的变化情况。

如果设置了多个断点，当程序停留在某个断点时，如果希望程序继续执行到下一个断点处，可以点击工具栏中的“继续”按钮或按键盘 F5 键。

如果希望对特定的变量进行监视，在调试模式下，可以将该变量添加到监视窗口中，添加后可以在监视窗口中显示该变量值的变化情况，如对本书第 5 章例 5-1 中的“i”值进行监视，在断点调试模式下，用鼠标选中该变量，点击鼠标右键选择“添加监视”，如图 11-9 所示。

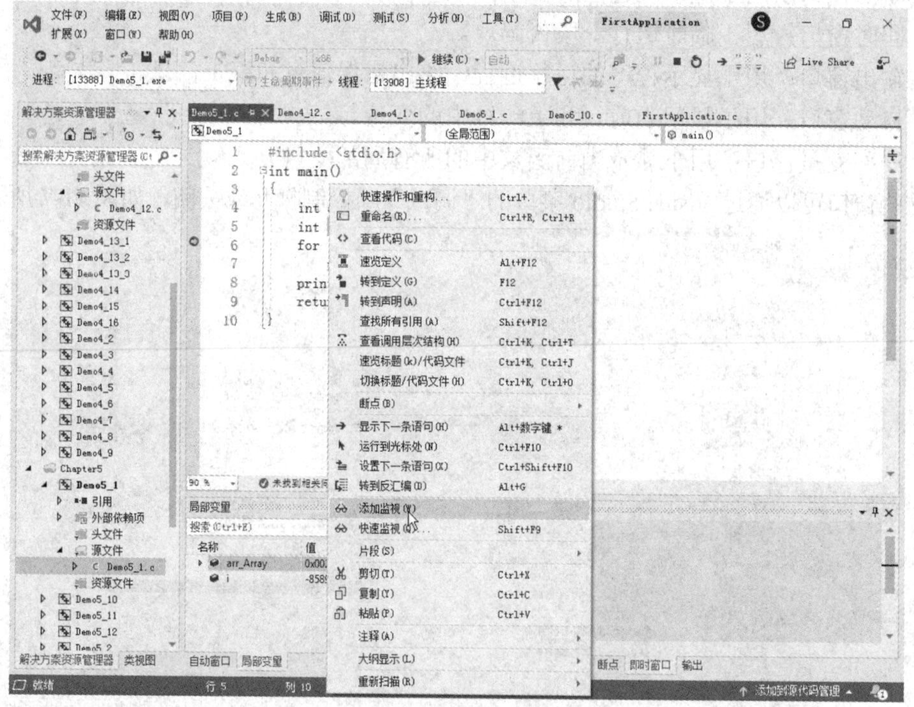

图 11-9　添加监视

添加监视后，在 Visual Studio 下方会显示监视窗口，监视窗口中显示被添加监视的变量值的变化情况，如图 11-10 所示。

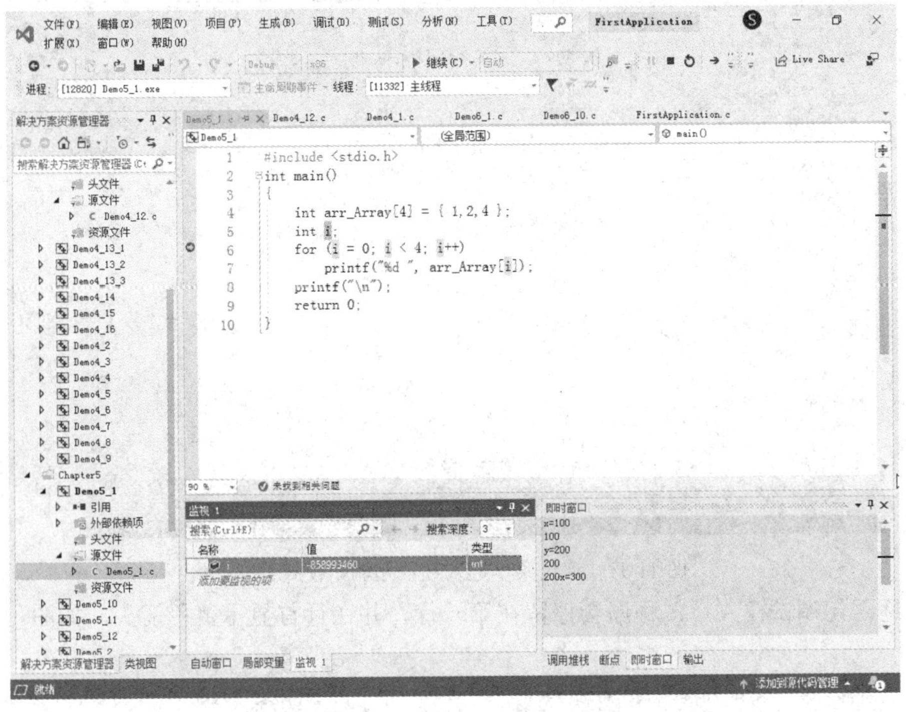

图 11-10　添加监视后出现监视窗口

如果在程序中局部变量少，则没有必要添加监视。添加监视一般是在局部变量多的情况下，为了方便监视某几个变量的变化情况所采用的手段。

11.2　单 步 调 试

在实际开发中，常常会出现这样的情况，我们可以大致把出现问题的代码锁定在一个范围内，但无法确定到底是哪条语句出现了问题，按照前面的思路，可以在所有代码行前面设置断点，让代码一个断点一个断点地执行。这种方案确实可行，但很麻烦，也不专业，这时可以使用单步调试。单步调试就是让代码一步一步地执行。单步调试可分为逐语句调试和逐过程调试。

11.2.1　逐语句调试

逐语句调试是让程序每执行一条语句暂停一次，类似于给程序的每一行都设置断点，进入逐语句调试有以下两种方式：

(1) 按键盘的 F11 键，进入逐语句调试模式。

(2) 选择“菜单”→“逐语句”，进入逐语句调试模式，如图 11-11 所示。

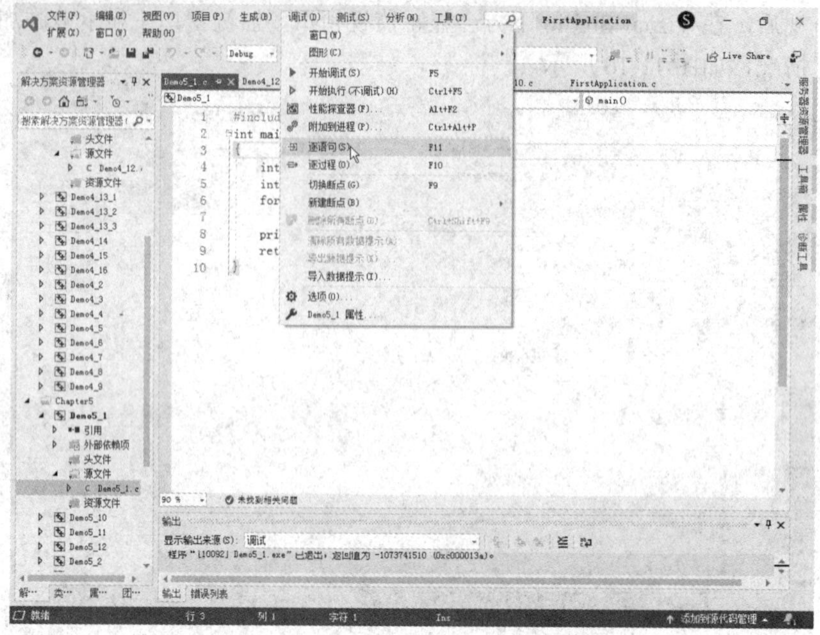

图 11-11　通过菜单进入逐语句调试模式

进入逐语句调试模式后，程序会停留在第一行，并在行首显示黄色箭头，如图 11-12 所示。

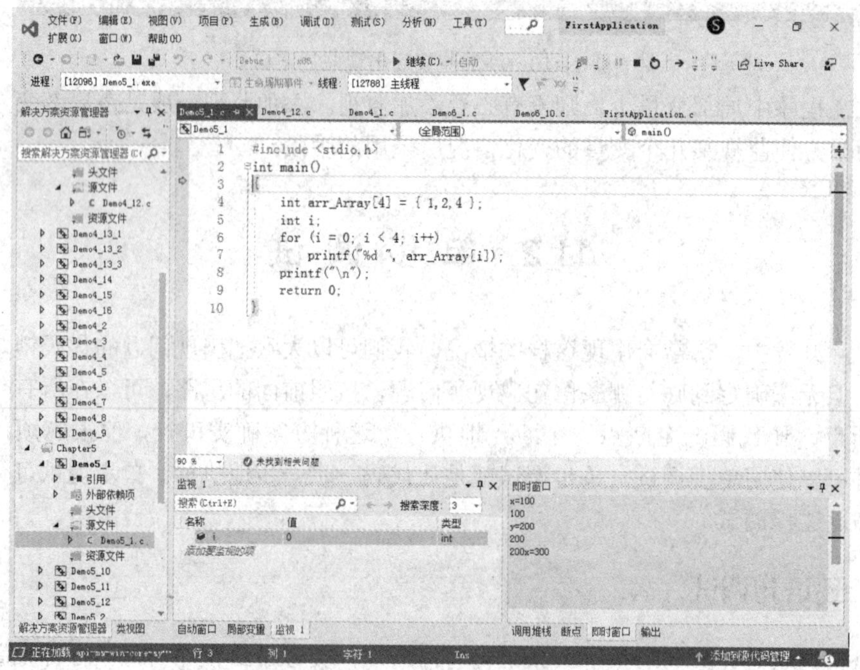

图 11-12　进入逐语句调试模式

进入逐语句调试模式后，可以通过调试相关窗口观察各个局部变量的变化情况。点击工具栏中的逐语句图标或按键盘的 F11 键可转到下一条语句，如图 11-13 所示。

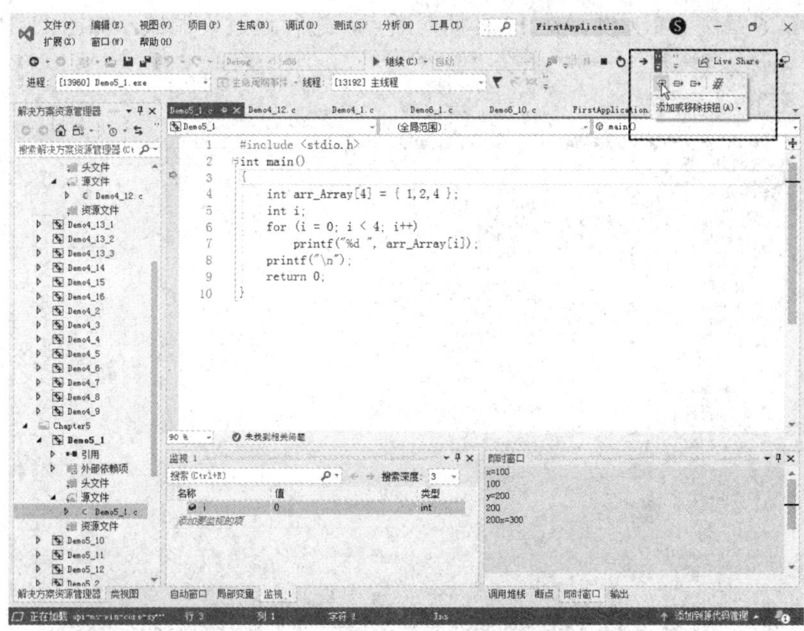

图 11-13　通过工具栏进入下一条语句调试

11.2.2　逐过程调试

在 C 语言中过程一般称之为函数，逐过程也就是逐函数调试。逐过程调试可以“块”为单位调试程序，进入逐过程调试有以下两种方式：

(1) 按键盘的 F10 键，进入逐过程调试模式。

(2) 选择“菜单”→“逐过程”，进入逐过程调试模式，如图 11-14 所示。

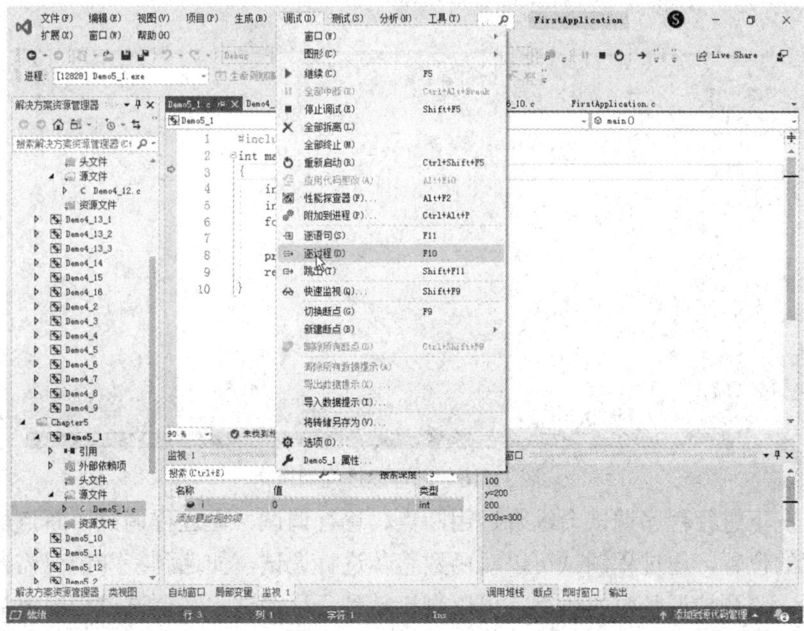

图 11-14　通过菜单进入逐过程调试模式

以本书第 6 章例 6-3 为例，在 12 行插入断点，进行逐过程调试，如图 11-15 所示。

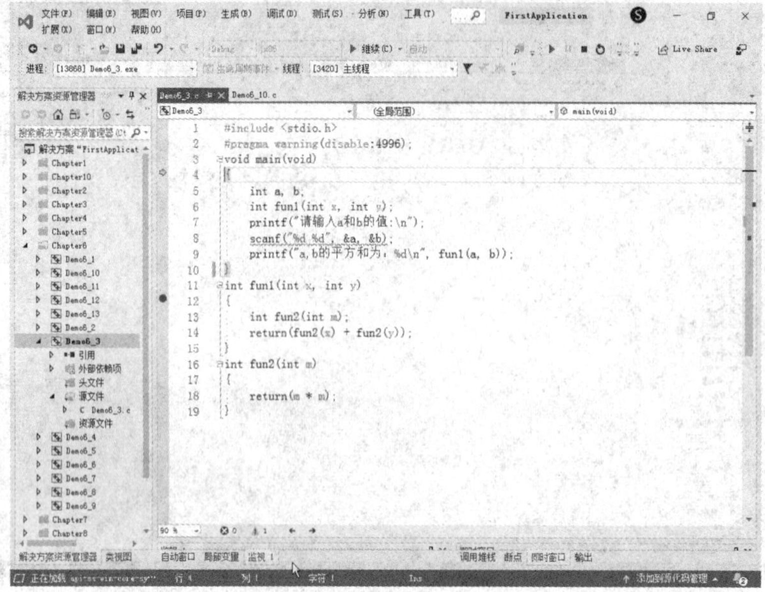

图 11-15　开启逐过程调试

开启逐过程调试后，程序首先暂停到主函数的第一句，点击“继续”并输入两个数，程序会暂停到第 12 行的位置；按键盘 F10 键继续逐过程调试，在 14 行处 fun1 函数调用了 fun2 函数，但调试没有进入 fun2 函数内部，而是将该行整体调试，如图 11-16 所示。

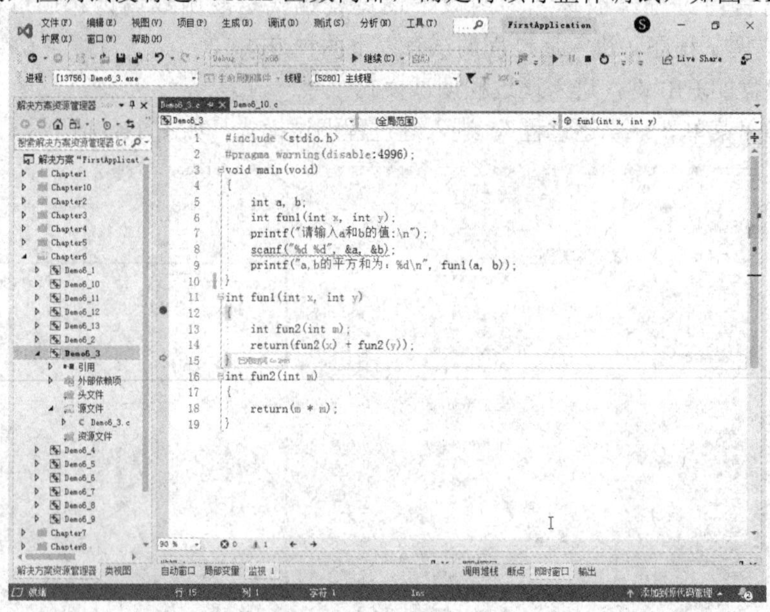

图 11-16　进行逐过程调试

一般情况下进行程序调试会综合运用断点、逐行调试、逐过程调试，断点可以快速定位到要调试的位置，逐过程调试可以对函数整体进行调试，如遇到特殊情况需要进入到被调函数内部，监测被调函数的执行，可以直接转到逐行调试。在调试过程中灵活运用这 3 种方式可以提高程序调试的效率。

11.3　即时窗口的使用

“即时窗口”是 Visual Studio 提供的一项非常强大的功能，在调试模式下，可以在“即时窗口”中输入 C 语言代码并可立即运行，如图 11-17 所示。

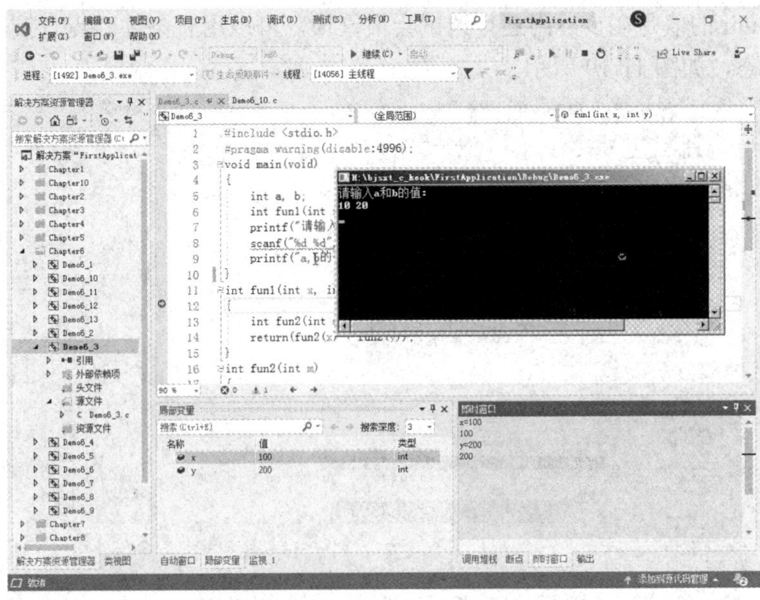

图 11-17　通过即时窗口操作局部变量

在“即时窗口”中可以直接操作程序中的局部变量，也可以进行简单的运算，但不能新定义变量。在“即时窗口”中除了可以操作程序中的局部变量外，还可以操作程序中的函数。如图 11-18 所示，在“即时窗口”中调用 fun2 函数。

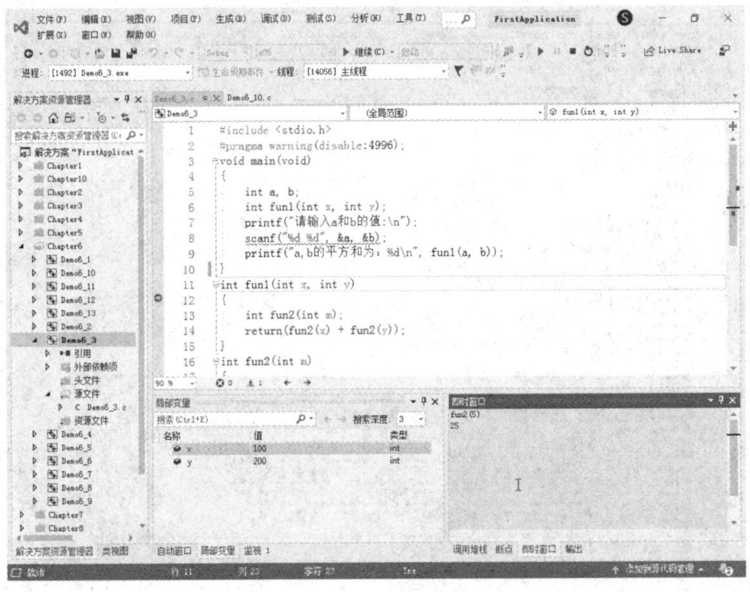

图 11-18　通过即时窗口操作函数

11.4 有条件断点的设置

在本章第一节中介绍了断点，第一节中的断点也称为无条件断点，在 Visual Studio 中也可以设置有条件断点，当满足条件时程序才会暂停到断点处，如果要查看一下当 i 的值为 50 时，nSum 的值是多少，用逐行调试会很繁琐，可以用有条件断点直接暂停到 i 的值为 50 时的状态，如图 11-19 所示。

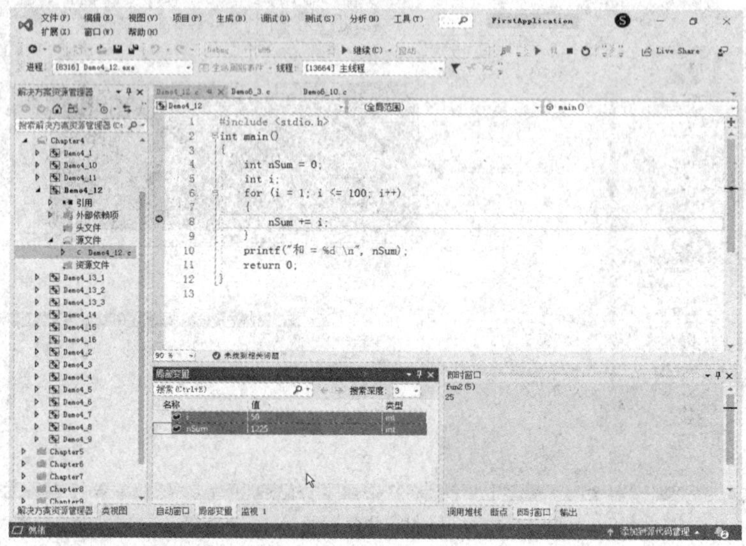

图 11-19 用有条件的断点调试例 4-12

设置有条件的断点，首先要插入普通无条件断点，然后在断点图标上单击鼠标右键，如图 11-20 所示。

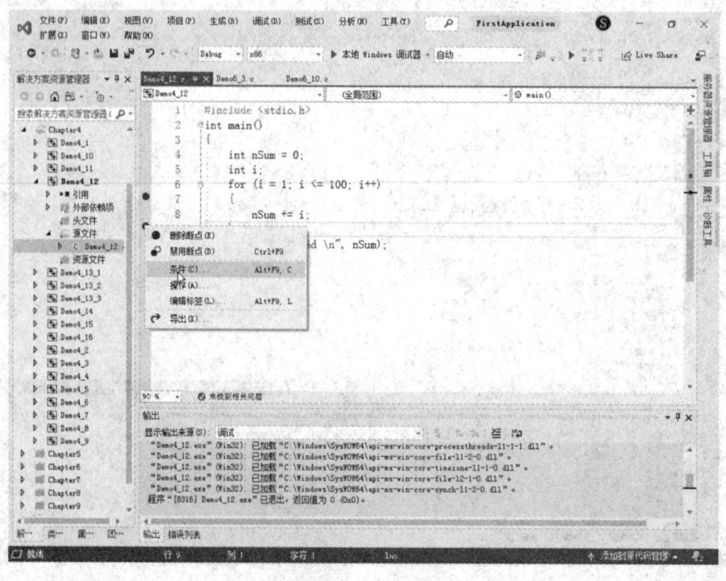

图 11-20 设置有条件的断点

选择“条件”项后，打开条件设置窗口，如图 11-21 所示。

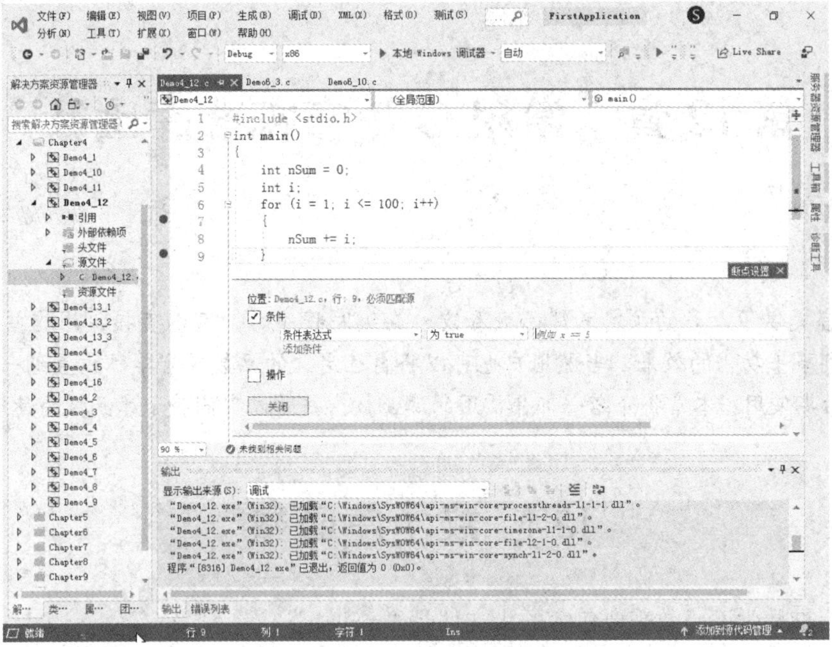

图 11-21　断点条件配置窗口

在断点条件配置窗口中，可以按照实际需求配置相应的条件，达到调试的目的。

条件有 3 个选项，如下所述：

- 条件表达式：系统会以表达式作为条件。
- 命中次数：系统会以该断点被执行的次数作为条件。
- 筛选器：可以看作是多条件表达式。

本章小结

本章主要讲解了 Visual Studio 下 C 语言程序的常用调试方法，断点调试、逐行调试、逐过程调试是程序开发中常用的三种方式，这三种方式往往需要配合使用，在调试过程中充分运用好即时窗口、断点条件，可以极大地提高程序调试的效率。

本章重点应掌握断点调试、逐行调试、逐过程调试及即时窗口的使用。

习　题

1．调试第 8 章例 8-8，观察数组 pa 中的元素值。

2．调试第 8 章例 8-12，观察指针 p1、p2 的变化。

第 12 章　常用 C 语言标准库函数

C 语言提供了众多的预定义库函数和宏，在编写程序时，可以直接调用这些库函数和宏，以达到事半功倍的效果，当然用户也可以将自己定义的函数或宏单独放置到一个头文件中，以便后期使用。本章将介绍一部分常用的库函数，并通过实例展示库函数的使用方法。

12.1　数学库函数

使用标准数学库函数需要包含的头文件是“math.h”。

12.1.1　abs()

abs 函数返回一个整数的绝对值。函数原型如下：

```
int abs(int n);
```

【例 12-1】 abs 函数使用示例。示例代码如下：

```
#include <stdio.h>
#include <math.h>
int main(void)
{
    int nX = 4;
    int nY = abs(nX);
    printf("%d的绝对值是：%d\n", nX, nY);
    return 0;
}
```

程序运行结果：

```
4 的绝对值是：4
```

如果要求一个浮点数的绝对值，可以使用 fabs 函数。

12.1.2　exp()

exp 函数返回 e 的幂。函数原型如下：

```
double exp(double x);
```

【例 12-2】 exp 函数使用示例。示例代码如下：

```
#include<math.h>
#include<stdio.h>
int main(void)
{
    double x = 2.302585093, y;
    y = exp(x);
    printf("exp( %f ) = %f\n", x, y);
    return 0;
}
```

程序运行结果：

```
exp( 2.302585 ) = 10.000000
```

12.1.3　pow()

pow 函数返回 x 的 y 次幂。函数原型如下：

```
double pow(double x, double y);
```

【例 12-3】 pow 函数使用示例。示例代码如下：

```
#include<math.h>
#include<stdio.h>
int main(void)
{
    double x = 2.0, y = 3.0, z;
    z = pow(x, y);
    printf("%.1f 的%.1f 次幂等于%.1f\n", x, y, z);
    return 0;
}
```

程序运行结果：

```
2.0 的 3.0 次幂等于 8.0
```

12.1.4　sqrt()

sqrt 函数计算某个数的平方根。函数原型如下：

```
double sqrt(double x);
```

【例 12-4】 sqrt 函数使用示例。示例代码如下：

```
#include<math.h>
#include<stdio.h>
int main(void)
```

```
{
    double question = 45.35, answer;
    answer = sqrt(question);
    if (question < 0)
    {
        printf("错误:平方根返回了负值%.2f\n, answer");
    }
    else
    {
        printf(" %.2f 的平方根是%.2f\n", question, answer);
    }
    return 0;
}
```

程序运行结果：

```
45.35 的平方根是 6.73
```

12.2 时间库函数

使用时间库函数需要包含头文件“time.h”。“time.h”中定义了两个宏，声明了四种数据类型，如表 12-1、表 12-2 所示。

表 12-1 time.h 中的宏

NULL	空指针常量的值
CLOCKS_PER_SEC	表示每秒的处理器时钟个数

表 12-2 time.h 中的数据类型

size_t	无符号整数类型，是 sizeof 关键字的结果
clock_t	适合存储处理器时间的类型
time_t	适合存储日历时间类型
struct tm	用来保存时间和日期的结构体

其中结构体 tm 的定义如下：

```
struct tm
{
    int tm_sec;          /*秒，0-59*/
    int tm_min;          /*分，0-59*/
    int tm_hour;         /*时，0-23*/
    int tm_mday;         /*天数，1-31*/
```

```
        int tm_mon;             /*月数，0-11*/
        int tm_year;            /*自1900的年数*/
        int tm_wday;            /*自星期日的天数0-6*/
        int tm_yday;            /*自1月1日起的天数，0-365*/
        int tm_isdst;           /*是否采用夏时制，采用为正数*/
    };
```

12.2.1　asctime()

asctime 函数将一个 struct tm 类型的时间转换成字符串：“星期 月份 日期 小时：分钟：秒 年份”。函数原型如下：

```
char* asctime(const struct tm* timeptr);
```

【例 12-5】 asctime 函数使用示例。示例代码如下：

```
#include <time.h>
#include <stdio.h>
#pragma warning(disable:4996);
struct tm* newtime;
time_t aclock;
int main(void)
{
    time(&aclock);
    newtime = localtime(&aclock);
    printf("当前日期和时间是:%s", asctime(newtime));
    return 0;
}
```

程序运行结果：

```
当前日期和时间是:Tue Nov 19 18:06:25 2019
```

12.2.2　ctime()

ctime 函数将一个 time_t 类型表示的时间(通常是由 time 函数返回的时间)转换成字符串：“星期 月份 日期 小时：分钟：秒 年份”。函数原型如下：

```
char* ctime(const time_t* timer);
```

【例 12-6】 ctime 函数使用示例。示例代码如下：

```
#include <time.h>
#include <stdio.h>
#pragma warning(disable:4996);
int main(void)
{
```

```
    time_t ltime;
    time(&ltime);
    printf("时间为%s\n", ctime(&ltime));
    return 0;
}
```

程序运行结果：

```
时间为 Tue Nov 19 18:06:55 2019
```

12.2.3　clock()

clock 函数返回从程序运行到执行 clock 函数时 CPU 时钟的计时单元个数。CPU 时钟计时单元俗称挂钟时间。函数原型如下：

```
clock_t clock(void);
```

【例 12-7】 clock 函数使用示例。示例代码如下：

```
#include <stdio.h>
#include <time.h>
int main(void)
{
    clock_t nStart = 0;
    clock_t nFinish = 0;
    long i = 30000000L;
    nStart = clock();
    while (i--);
    nFinish = clock();
    printf("循环完成花费的挂钟时间为：%d\n转换成秒：%lf\n",
            nFinish - nStart,
            (double)(nFinish - nStart) / CLOCKS_PER_SEC);
    return 0;
}
```

程序运行结果：

```
循环完成花费的挂钟时间为：67
转换成秒：0.067000
```

12.2.4　gmtime()

gmtime 函数可将 time_t 类型表示的时间转换成 struct tm 类型表示的时间。函数原型如下：

```
struct tm* gmtime(const time_t* timer);
```

【例 12-8】 gmtime 函数使用示例。示例代码如下：

```
#include<time.h>
#include<stdio.h>
#pragma warning(disable:4996);
int main(void)
{
    struct tm* newtime;
    long ltime;
    time(&ltime);
    newtime = gmtime(&ltime);
    printf("时间为is %s\n", asctime(newtime));
    return 0;
}
```

程序运行结果：

```
时间为 is Tue Nov 19 10:08:50 2019
```

12.2.5 localtime()

localtime 函数可将一个 time_t 类型表示的时间转换成 struct tm 类型的本地时间。函数原型如下：

```
struct tm* localtime(const time_t* timer);
```

【例 12-9】 localtime 函数使用示例。示例代码如下：

```
#include<stdio.h>
#include<string.h>
#include<time.h>
#pragma warning(disable:4996);
int main(void)
{
    struct tm* newtime;
    char am_pm[] = "上午";
    time_t long_time;
    time(&long_time);
    newtime = localtime(&long_time);
    if (newtime->tm_hour > 12)
            strcpy(am_pm, "下午");
    if (newtime->tm_hour > 12)
            newtime->tm_hour -= 12;
    if (newtime->tm_hour == 0)
```

```
            newtime->tm_hour = 12;
    printf("%.19s %s\n", asctime(newtime), am_pm);
    return 0;
}
```

程序运行结果：

```
Tue Nov 19 06:09:41 下午
```

12.2.6 difftime()

difftime 函数可返回两个 time_t 类型时间的差，单位是秒。函数原型如下：

```
double difftime(time_t timer1, time_t timer0);
```

【例 12-10】 difftime 函数使用示例。示例代码如下：

```
#include <stdio.h>
#include <stdlib.h>
#include <time.h>
int main(void)
{
    time_t    start, finish;
    long loop;
    double    result, elapsed_time;
    printf("Multiplying 2 floatingpoint numbers 10 million times...\n");
    time(&start);
    for (loop = 0; loop < 10000000; loop++)
        result = 3.63 * 5.27;
    time(&finish);
    elapsed_time = difftime(finish, start);
    printf("\n循环花费了%6.0f 秒.\n", elapsed_time);
    return 0;
}
```

程序运行结果：

```
Multiplying 2 floatingpoint numbers 10 million times...
循环花费了      0 秒.
```

12.2.7 time()

time 函数返回一个 time_t 类型的整数，表示自格林威治时间 1900 年 1 月 1 日凌晨至现在所经过的秒数，并将该值存于参数所指的单元中。函数原型如下：

```
time_t time(time_t* timer);
```

【例 12-11】 time 函数使用示例。示例代码如下：

```
#include <stdio.h>
#include <time.h>
#pragma warning(disable:4996);
int main(void)
{
    time_t nNow;
    struct tm* tmNow;
    char* szWeek[] = { "日", "一", "二", "三", "四", "五", "六" };
    time(&nNow);
    tmNow = localtime(&nNow);
    printf("现在时间是：%d年%d月%d日%d时%d分%d秒  星期%s\n",
            tmNow->tm_year + 1900, tmNow->tm_mon + 1, tmNow->tm_mday,
            tmNow->tm_hour, tmNow->tm_min, tmNow->tm_sec,
            szWeek[tmNow->tm_wday]);
    return 0;
}
```

程序运行结果：

```
现在时间是：2019 年 11 月 20 日 8 时 11 分 38 秒  星期三
```

12.3 其他函数

12.3.1 abort()

abort 函数可异常终止一个进程，该函数并不返回到当前进程，而是向系统返回一个所在进程异常退出的代码，代码号为 3。函数原型如下：

```
void abort(void);
```

【例 12-12】 abort 函数使用示例。示例代码如下：

```
#include <stdio.h>
#include <stdlib.h>
#pragma warning(disable:4996);
int main(void)
{
    FILE* stream;
    if ((stream = fopen("NOSUCHF.ILE", "r")) == NULL)
    {
        perror("无法打开文件");
```

```
            abort();
        }
        else
        {
            fclose(stream);
        }
        return 0;
    }
```

程序运行结果：

```
无法打开文件: No such file or directory
G:\ca\Debug\test.exe (进程 16160)已退出，返回代码为: 3。
```

12.3.2 atexit()

atexit 函数可指定一个当进程正常退出时所执行的函数。函数原型如下：

```
int atexit(void(__cdecl * func)(void));
```

【例 12-13】 atexit 函数使用示例。示例代码如下：

```
#include <stdlib.h>
#include <stdio.h>
void fn1(void);
void fn2(void);
void fn3(void);
void fn4(void);
int main(void)
{
    int atexit(void(__cdecl * func)(void));
    atexit(fn1);
    atexit(fn2);
    atexit(fn3);
    atexit(fn4);
    printf("现在是主函数.\n");
    return 0;
}
void fn1()
{
    printf("fn1执行\n");
}
void fn2()
```

```
{
    printf("fn2执行\n");
}
void fn3()
{
    printf("fn3执行\n");
}
void fn4()
{
    printf("fn4执行\n");
}
```

程序运行结果：

```
现在是主函数.
fn4 执行
fn3 执行
fn2 执行
fn1 执行
```

12.3.3 exit()

exit 函数可终止该函数所在的进程，并设置进程退出代码。函数原型如下：

```
void exit(int status);
```

【例 12-14】 exit 函数使用示例。示例代码如下：

```
#include <stdio.h>
#include <stdlib.h>
int main(void)
{
    void exit(int status);
    int ch;
    printf("Yes or no? ");
    ch = getchar();
    if (toupper(ch) == 'Y')
            exit(1);
    else
            exit(0);
    return 0;
}
```

程序运行结果：

```
Yes or no? Y
G:\ca\Debug\test.exe (进程 16136)已退出，返回代码为: 1。
按任意键关闭此窗口...
```

12.3.4 rand()和 srand()

rand 函数可返回一个 0 至 RAND_MAX(0x7fff)之间的随机数，该函数需要和 srand 函数配合使用，srand 函数可设置一个产生随机数的种子。函数原型如下：

```
int rand(void);
void srand(unsigned int seed);
```

【例 12-15】 rand 函数、srand 函数使用示例。示例代码如下：

```
#include <stdlib.h>
#include <stdio.h>
#include <time.h>
int main(void)
{
    int rand(void);
    void srand(unsigned int seed);
    int i;
    srand((unsigned)time(NULL));
    for (i = 0; i < 10; i++)
            printf(" %6d\n", rand());
    return 0;
}
```

程序运行结果：

```
  1859
 21920
 14912
 20010
 31296
 30451
  5286
 31763
 20589
  3822
```

12.3.5　system()

system 函数可以调用一个系统命令。函数原型如下：

```
int system(const char* command);
```

【例 12-16】 system 函数使用示例。示例代码如下：

```
#include <stdio.h>
#include <process.h>
int main(void)
{
    int system(const char* command);
    system("ipconfig");
            getchar();
    return 0;
}
```

程序运行结果：

```
以太网适配器 以太网:
    连接特定的 DNS 后缀 . . . . . . . :
    本地链接 IPv6 地址. . . . . . . . : fe80::a84f:c90:cdaf:7bb%4
    IPv4 地址 . . . . . . . . . . . . : 192.168.3.5
    子网掩码  . . . . . . . . . . . . : 255.255.255.0
    默认网关. . . . . . . . . . . . . : 192.168.3.1
```

附录 1 ASCII 编码一览表

(前 31 项为控制字符，其他为可显示字符)

二进制	十进制	十六进制	字符/缩写	解 释
00000000	0	00	NUL (NULL)	空字符
00000001	1	01	SOH (Start Of Headling)	标题开始
00000010	2	02	STX (Start Of Text)	正文开始
00000011	3	03	ETX (End Of Text)	正文结束
00000100	4	04	EOT (End Of Transmission)	传输结束
00000101	5	05	ENQ (Enquiry)	请求
00000110	6	06	ACK (Acknowledge)	回应/响应/收到通知
00000111	7	07	BEL (Bell)	响铃
00001000	8	08	BS (Backspace)	退格
00001001	9	09	HT (Horizontal Tab)	水平制表符
00001010	10	0A	LF/NL(Line Feed/New Line)	换行键
00001011	11	0B	VT (Vertical Tab)	垂直制表符
00001100	12	0C	FF/NP (Form Feed/New Page)	换页键
00001101	13	0D	CR (Carriage Return)	回车键
00001110	14	0E	SO (Shift Out)	不用切换
00001111	15	0F	SI (Shift In)	启用切换
00010000	16	10	DLE (Data Link Escape)	数据链路转义
00010001	17	11	DC1/XON (Device Control 1/Transmission On)	设备控制 1/传输开始
00010010	18	12	DC2 (Device Control 2)	设备控制 2
00010011	19	13	DC3/XOFF (Device Control 3/Transmission Off)	设备控制 3/传输中断
00010100	20	14	DC4 (Device Control 4)	设备控制 4
00010101	21	15	NAK (Negative Acknowledge)	无响应/非正常响应/拒绝接收
00010110	22	16	SYN (Synchronous Idle)	同步空闲
00010111	23	17	ETB (End of Transmission Block)	传输块结束/块传输终止
00011000	24	18	CAN (Cancel)	取消

续表一

二进制	十进制	十六进制	字符/缩写	解 释
00011001	25	19	EM (End of Medium)	已到介质末端/介质存储已满/介质中断
00011010	26	1A	SUB (Substitute)	替补/替换
00011011	27	1B	ESC (Escape)	逃离/取消
00011100	28	1C	FS (File Separator)	文件分割符
00011101	29	1D	GS (Group Separator)	组分隔符/分组符
00011110	30	1E	RS (Record Separator)	记录分离符
00011111	31	1F	US (Unit Separator)	单元分隔符
00100000	32	20	(Space)	空格
00100001	33	21	!	
00100010	34	22	"	
00100011	35	23	#	
00100100	36	24	$	
00100101	37	25	%	
00100110	38	26	&	
00100111	39	27	'	
00101000	40	28	(	
00101001	41	29	)	
00101010	42	2A	*	
00101011	43	2B	+	
00101100	44	2C	,	
00101101	45	2D	-	
00101110	46	2E	.	
00101111	47	2F	/	
00110000	48	30	0	
00110001	49	31	1	
00110010	50	32	2	
00110011	51	33	3	
00110100	52	34	4	
00110101	53	35	5	
00110110	54	36	6	
00110111	55	37	7	
00111000	56	38	8	
00111001	57	39	9	
00111010	58	3A	:	
00111011	59	3B	;	

续表二

二进制	十进制	十六进制	字符/缩写	解　释
00111100	60	3C	<	
00111101	61	3D	=	
00111110	62	3E	>	
00111111	63	3F	?	
01000000	64	40	@	
01000001	65	41	A	
01000010	66	42	B	
01000011	67	43	C	
01000100	68	44	D	
01000101	69	45	E	
01000110	70	46	F	
01000111	71	47	G	
01001000	72	48	H	
01001001	73	49	I	
01001010	74	4A	J	
01001011	75	4B	K	
01001100	76	4C	L	
01001101	77	4D	M	
01001110	78	4E	N	
01001111	79	4F	O	
01010000	80	50	P	
01010001	81	51	Q	
01010010	82	52	R	
01010011	83	53	S	
01010100	84	54	T	
01010101	85	55	U	
01010110	86	56	V	
01010111	87	57	W	
01011000	88	58	X	
01011001	89	59	Y	
01011010	90	5A	Z	
01011011	91	5B	[	
01011100	92	5C	\	
01011101	93	5D	]	
01011110	94	5E	^	

续表三

二进制	十进制	十六进制	字符/缩写	解　释
01011111	95	5F	_	
01100000	96	60	`	
01100001	97	61	a	
01100010	98	62	b	
01100011	99	63	c	
01100100	100	64	d	
01100101	101	65	e	
01100110	102	66	f	
01100111	103	67	g	
01101000	104	68	h	
01101001	105	69	i	
01101010	106	6A	j	
01101011	107	6B	k	
01101100	108	6C	l	
01101101	109	6D	m	
01101110	110	6E	n	
01101111	111	6F	o	
01110000	112	70	p	
01110001	113	71	q	
01110010	114	72	r	
01110011	115	73	s	
01110100	116	74	t	
01110101	117	75	u	
01110110	118	76	v	
01110111	119	77	w	
01111000	120	78	x	
01111001	121	79	y	
01111010	122	7A	z	
01111011	123	7B	{	
01111100	124	7C	|	
01111101	125	7D	}	
01111110	126	7E	~	
01111111	127	7F	DEL (Delete)	删除

附录 2 运算符优先级和结合性一览表

优先级	运算符	名称或含义	使用形式	结合方向	说明
1	[]	数组下标	数组名[常量表达式]	左到右	
	()	圆括号	(表达式) 函数名(形参表)		
	.	成员选择(对象)	对象.成员名		
	->	成员选择(指针)	对象指针->成员名		
2	-	负号运算符	-表达式	右到左	单目运算符
	(类型)	强制类型转换	(数据类型)表达式		
	++	自增运算符	++变量名 变量名++		单目运算符
	--	自减运算符	--变量名 变量名--		单目运算符
	*	取值运算符	*指针变量		单目运算符
	&	取地址运算符	&变量名		单目运算符
	!	逻辑非运算符	!表达式		单目运算符
	~	按位取反运算符	~表达式		单目运算符
	sizeof	长度运算符	sizeof(表达式)		
3	/	除	表达式 / 表达式	左到右	双目运算符
	*	乘	表达式*表达式		双目运算符
	%	余数(取模)	整型表达式%整型表达式		双目运算符
4	+	加	表达式+表达式	左到右	双目运算符
	-	减	表达式-表达式		双目运算符
5	<<	左移	变量<<表达式	左到右	双目运算符
	>>	右移	变量>>表达式		双目运算符

续表

<table>
<tr><th>优先级</th><th>运算符</th><th>名称或含义</th><th>使用形式</th><th>结合方向</th><th>说明</th></tr>
<tr><td rowspan="4">6</td><td>></td><td>大于</td><td>表达式>表达式</td><td rowspan="4">左到右</td><td>双目运算符</td></tr>
<tr><td>>=</td><td>大于等于</td><td>表达式>=表达式</td><td>双目运算符</td></tr>
<tr><td><</td><td>小于</td><td>表达式<表达式</td><td>双目运算符</td></tr>
<tr><td><=</td><td>小于等于</td><td>表达式<=表达式</td><td>双目运算符</td></tr>
<tr><td rowspan="2">7</td><td>==</td><td>等于</td><td>表达式==表达式</td><td rowspan="2">左到右</td><td>双目运算符</td></tr>
<tr><td>!=</td><td>不等于</td><td>表达式!=表达式</td><td>双目运算符</td></tr>
<tr><td>8</td><td>&</td><td>按位与</td><td>表达式&表达式</td><td>左到右</td><td>双目运算符</td></tr>
<tr><td>9</td><td>^</td><td>按位异或</td><td>表达式^表达式</td><td>左到右</td><td>双目运算符</td></tr>
<tr><td>10</td><td>|</td><td>按位或</td><td>表达式|表达式</td><td>左到右</td><td>双目运算符</td></tr>
<tr><td>11</td><td>&&</td><td>逻辑与</td><td>表达式&&表达式</td><td>左到右</td><td>双目运算符</td></tr>
<tr><td>12</td><td>||</td><td>逻辑或</td><td>表达式||表达式</td><td>左到右</td><td>双目运算符</td></tr>
<tr><td>13</td><td>?:</td><td>条件运算符</td><td>表达式 1? 表达式 2: 表达式 3</td><td>右到左</td><td>三目运算符</td></tr>
<tr><td rowspan="11">14</td><td>=</td><td>赋值运算符</td><td>变量=表达式</td><td rowspan="11">右到左</td><td></td></tr>
<tr><td>/=</td><td>除后赋值</td><td>变量/=表达式</td><td></td></tr>
<tr><td>*=</td><td>乘后赋值</td><td>变量*=表达式</td><td></td></tr>
<tr><td>%=</td><td>取模后赋值</td><td>变量%=表达式</td><td></td></tr>
<tr><td>+=</td><td>加后赋值</td><td>变量+=表达式</td><td></td></tr>
<tr><td>-=</td><td>减后赋值</td><td>变量-=表达式</td><td></td></tr>
<tr><td><<=</td><td>左移后赋值</td><td>变量<<=表达式</td><td></td></tr>
<tr><td>>>=</td><td>右移后赋值</td><td>变量>>=表达式</td><td></td></tr>
<tr><td>&=</td><td>按位与后赋值</td><td>变量&=表达式</td><td></td></tr>
<tr><td>^=</td><td>按位异或后赋值</td><td>变量^=表达式</td><td></td></tr>
<tr><td>|=</td><td>按位或后赋值</td><td>变量|=表达式</td><td></td></tr>
<tr><td>15</td><td>,</td><td>逗号运算符</td><td>表达式，表达式，…</td><td>左到右</td><td></td></tr>
</table>

参 考 文 献

[1] 寇肯. C 语言程序设计. 4 版：英文版[M]. 北京：电子工业出版社，2016.
[2] Chisholm P S R. C 语言编程常见问题解答[M]. 北京：清华大学出版社，2000.
[3] Kernighan B W, Ritchie D M. The C programming language[M]. 北京：机械工业出版社，2016.
[4] 蔡明志. 数据结构：用 C 语言描述[M]. 北京：中国水利水电出版社，2006.
[5] 苏小红，陈惠鹏，孙志岗. C 语言大学实用教程[M]. 北京：电子工业出版社，2004.
[6] 徐昊，(葡萄牙)桑德罗・平托. 爱上 C 语言(C KISS)[M]. 北京：中国铁道出版社，2017.